痛みを やわらげる科学

新装版

痛みの原因と予防法、
そして最新治療を探る

下地恒毅

SB Creative

著者プロフィール

下地恒毅(しもじ こうき)
新潟大学医学部教授、ミネソタ大学客員教授、ニューヨーク医科大学客員教授、ロンドン大学客員教授を経て、現在、新潟大学名誉教授、英国王立麻酔科学会専門医(FRCA)、米国大学麻酔科医会会員(AUA)、NPO標準医療情報センター理事長、統合医療予防医院院長、医療法人誠心会吉田病院顧問、医療法人社団清惠会田村外科病院顧問、虹橋クリニック顧問、癌研有明病院非常勤顧問、(有)ペインコントロール研究所会長、国際医学ジャーナル4誌編集委。英文専門著書、和文専門著書、多数。

本文デザイン・アートディレクション:クニメディア株式会社
イラスト:高村かい

はじめに

生きているかぎり、心身の痛みは大なり小なり誰もが経験するものです。逆説的な表現になりますが、痛みは生きている証拠であるとも言えます。生きていくうえで大切なのは、その痛みの原因を明らかにし、痛みをどうコントロールするかなのです。そこで本書では、痛みとはなにか、といった根本的な話から、痛みの原因やそれがもたらす健康障害、そして痛みをコントロールするための治療法や予防法までを記してみることにしました。

痛みとひと言でいっても、その意味する内容はいろいろです。身体の痛みだけでなく、心の痛みともいえる悲しみや悩み、不安緊張、高度のストレスなどもそれにあたります。また、身体の痛みと切り離せない感覚であるしびれなどの異常感覚、身体のだるさ、大きな手術後によく起こる身の置きどころのないようなけだるさ、きつさなども含まれます。

これらの感覚はすべて、病的な痛みの感覚として神経を介して生じます。末梢神経で神経情報として受け取られたこれらの感覚は、脊髄で変調（大きくなったり小さくなったり、性質が変わったりすること）を受け、さらにその情報は脳にのぼって視床という部位で中継され、大脳皮質の感覚野で感じ取られ、さらに大脳辺縁系という場所で苦痛となってその人の感情全体を支配してきます。今度は、そこから脳の中心の深い部分にある視床下部という部位に伝えられ、自律神経やホルモンの病的な変化を全身にもたらします。

一方、悲しみや悩み、不安緊張、高度のストレスは、身体の痛みに対する閾値を下げ(痛みに敏感になり)、痛みの程度を増強します。さらに、本来は正常であるはずの身体の部位に新たな痛みを生じさせることがあります。

痛みの感覚は、本来、病的状態を異常信号として脳に知らせ、それから回避させるために備わった生体の警報装置のようなものです。ところが、ひとたび病的状態になると、逆に人や動物を苦しめます。種々の原因による痛み自体が、病気の本態になってしまうからです。それはあたかも免疫機構が異常に高まると、その人自身の身体を障害してしまうのとよく似ています。

不快が持続すれば心身が正常に機能できなくなります。短期間に痛みや不快さを避けることができると、心身の機能は正常に戻ります。しかしそれが避けられず、あるいは持続すると、障害を受けた心や身体の機能はなかなか正常に戻りにくくなります。これが問題なのです。痛みは記憶され、種々の悪循環を生む原因になるのです。例えば、痛み→不安→交感神経緊張→循環への悪影響(血圧上昇、心拍増加)と抹消循環障害→病態悪化→痛み増強、といった具合です。

第１章と第２章では、こうした痛みに関する数々の疑問について、意識や感情、自律神経との関わりなどの話を交えながら、これまでにわかっていること、そしてまだ解明されていないことについて述べていきます。第３章では、痛みを起こす病気にはどんなものがあるのか、実際に臨床で見られる痛みの病気について述べます。そして第４章では、痛みの病気についてどんな治療が現在行われているか、また心身の痛みに対する私たちの心がまえや戦略などについても、ペインクリニシャンの立場から私見を述べてみたいと思います。

本書は厳密な意味での科学書ではありませんが、科学的な事実をそのままできるかぎり平易に述べつつ、50余年にわたる臨床経験にもとづいた著者の考えを加えてあります。文中、医学用語はできるだけ避け、日常の言葉で語るように心がけましたが、病名や解剖名はやむなくそのまま使用しました。初版の刊行から10年近くが経過した本書ですが、その間、友人や患者さんからいろいろな温かいご批判をいただきました。本改訂版では、それらの声に応えるべく、より読みやすく、またできるだけ最新の医学情報を付加するよう心掛けました。本書の内容から、みずからの心身の痛みにどう応用していけばいいのか、読者のみなさんがなんらかの示唆を得られるならば、著者の望外の喜びです。末筆ながら、編集と改定の労を引き受けてくださった出井貴完氏に深謝します。

2018年8月　下地恒毅

痛みをやわらげる科学 新装版

痛みの原因と予防法、そして最新治療を探る

CONTENTS

CONTENTS

第1章

痛みとはなにか？

痛みは生体の
ホメオスターシス（恒常性）を崩す

「痛み」という言葉は、一般的に、また診療の場でよく使われますが、その本体となると、よくわかっていません。苦痛をともなう感覚の一種であることは誰でもわかっているのですが、その本体や機序（しくみ）となると、ごく一部しか解明されていません。それはちょうど、意識とはなにか？ その機序は？ となるとまだよくわからないのと似ています。

痛みは苦痛ですし、不快なものです。不快なものはストレスとして働きます。不快なストレスが続くと、生活そのものの質が下がります。痛みが続くと、今度は脳の視床下部という中枢を介して、自律神経系の異常が生じます。自律神経系の異常が生じると、心臓や血管、消化管などの機能障害が起こってきます。また、不快な感情が続くと、大脳辺縁系という大脳の外側縁にある部分を介して、精神症状を生じてきます。同じく脳幹網様体という脳の深い部分を介して、不眠の症状がでてきます。

慢性の痛みは、仕事の能力を極端に低下させることが報告されています。痛みのない、あるいは苦痛のない生活があれば、人生はもっと豊かなものになるかもしれません。しかし、まったく心身に痛みのない人生などは考えられません。人は多かれ少なかれ、心身の痛みを抱えているのがあたり前です。見方を変えると、人生そのものが痛みの連続かもしれません。問題は、それをいかに癒し、乗り越えていくかです。

痛みが持続すると、自律神経やホルモンの調節を行う視床下部という、脳の下部にある調節中枢とでも呼べるところを介して、身体のホメオスターシス（恒常性）が失われ、心身の障害の悪循環が形成されてきます（図1-1）。

ホメオスターシスとは、人や動物が外部環境の変化や食物の影響にかかわらず、体温・血糖値・血液酸性度などの生理的状態が一定に保たれること、およびその仕組みのことを指します。それは主として自律神経系と内分泌系の働きによって維持されます。例えば、夏の猛暑に対しては、自律神経が活発になって汗や不感蒸泄（ふかんじょうせつ）（自分では感じない皮膚からの水分に蒸発）によって、体温が37度以上に上がらないように頑張っています。しかしそれにも限界があって、外からの温度があまりに上がってしまうと、も

図1-1：視床下部という脳の深い部分が生体のホメオスターシス（恒常性）を担っている

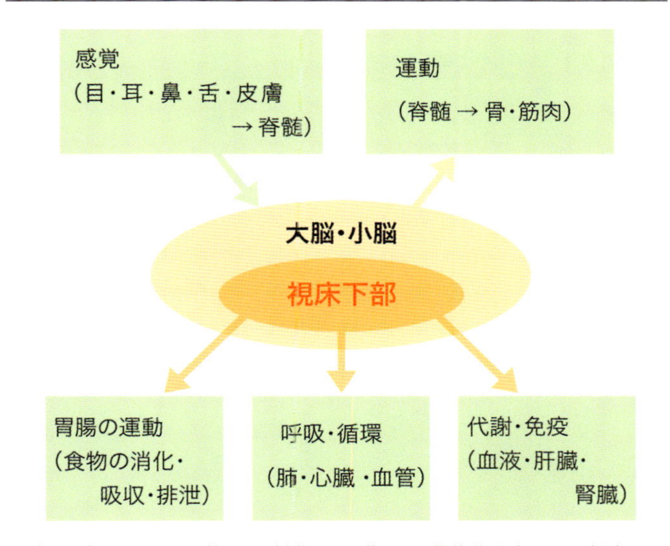

痛みを含めてすべての外からの刺激は脳に集まり、最終共通路としての視床下部に集まる。そしてそこから自律神経やホルモン分泌の調節が行われ、生体の恒常性が保たれている

はやホメオスターシスが効かなくなります。

20世紀後半になり、痛みを緩和(かんわ)する方法が飛躍的に発展しました。その発展の陰には、多くの基礎研究者や臨床家(りんしょうか)を含め、先人のなみなみならぬ努力があります。痛みの本質は、まだまだ十分に解明されているわけではありませんが、緩和する方法がかならずあります。痛みの種類は多彩です。したがって、その治療の方法もいろいろです。専門医と相談しながら、自分に合った方法でじょうずにコントロールできます。

また、痛みは意識と深い関係があります。そして、情緒とも密接な関係があります。不安があると、痛みに過敏な状態になります。逆に、精神的緊張が取れると痛みの閾値(いきち)(痛みを感じはじめ

図1-2：身体の痛みと心の痛みの関係

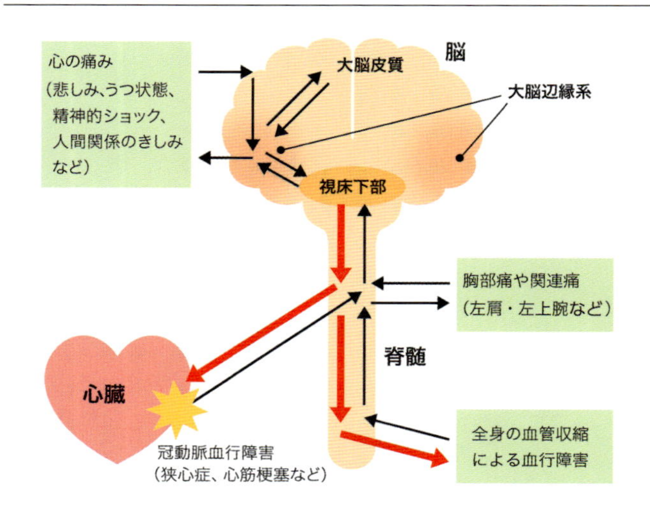

身体の痛みは心の痛みを誘発し、心の痛みはまた身体の痛みを引き起こす

る強さ)が上がります。つまり、痛みを感じにくくなります。また、1つのことに集中していると、やはり閾値が上がります。このように痛みは、意識の状態やその集中度、精神的状況と深い関係があることもわかっています(図1-2)。しかし、痛みとはなにか、意識とはなにかとなると、やはりその本体や機序はまだよくわかっていません。痛みや意識は個人的なものなので、その発生機序を解明するのは、難しい面があります。

痛みの物質とはなにか?

身体に炎症や血のめぐりの悪い部分(虚血)、糖尿病や痛風など代謝性の病気があるとき痛みを感じるのは脳ですが、それは神経の末端に作用する、痛みの物質があるからです。もう少しくわしくいうと、末梢神経の痛みの受容器たんぱく(レセプター)と結びついて痛みの神経を刺激する物質です。これを「痛みの

図1-3：痛みの物質と受容器たんぱく

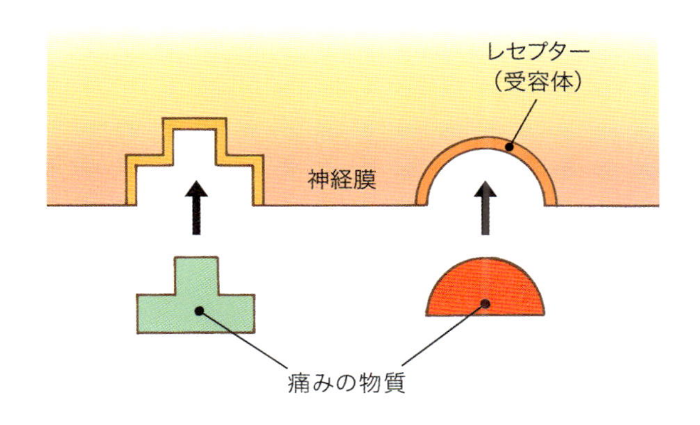

物質」と呼んでいます(図1-3)。これは、もともと身体の中にあるものです。

その物質としては、ヒスタミンやプロスタグランディン、セロトニン、P物質、アセチルコリン、カリウムイオン、水素イオン、乳酸、アラキドン酸、種々のインターロイキンといったものが従来から考えられています。炎症があるとこれらの物質が組織に溜(た)まり、痛みの受容器(痛みのボールをキャッチするグローブのようなもの)を刺激することが知られています。組織に虚血があると、これらの物質が溜まります。またいろいろな代謝性の病気の中で痛みを起こすのは、これらの物質であることもわかっています。最近、細胞膜にたくさん含まれているアラキドン酸という物質の代謝産物が、熱傷(ねっしょう)の痛みの物質として注目を浴びています。この物質はほかの原因による痛みの物質でもあるらしく、この物質をブロックする薬の研究もさかんに行われています(1、2)。ただ、これらの物質は末梢神経では痛みの物質として作用しますが、脳やほかの組織では、それぞれ別の作用をすることもあります。

痛みを感じるメカニズム

痛みを感じるメカニズムとしては、神経生理学的メカニズムと神経生化学的メカニズム、病理学的メカニズム、心理学的メカニズムなどが考えられます。

また、時間的なことを考慮に入れると、急性痛と慢性痛に分かれ、その感じるメカニズムは異なってきます。

1 Patwardhan AM, Akopian AN, Ruparel NB, Diogenes A, Weintraub ST, Uhlson C, Murphy RC, Hargreaves KM.：Heat generates oxidized linoleic acid metabolites that activate TRPV1 and produce pain in rodents.J Clin Invest. 2010;120:1617-26
2 Brown DA, Passmore GM.:Some new insights into the molecular mechanisms of pain perception. J Clin Invest. 2010;120:1380-3.

切り傷による痛みの神経生理学的メカニズムについて、まず見ていきます。たとえば、皮膚に切り傷を負ったとします。切り傷によって知覚神経の比較的太いAδ線維（デルタせんい）が、機械的に直接刺激されて脳で「痛い」と感じます（**表1-4**）。その次にひりひりとした痛みや鈍い痛みが続くのは、細いC線維の終末受容体に、皮膚の損傷部位や血液などからやってきた痛みの物質が作用するからです（P.16の**図1-5**参照）。

このように、痛みの感覚には2種類あります。慢性の痛みの大部分は、このC線維によって伝えられます。病気の種類によって、痛みを伝える神経は異なります。太めの神経（Aδ線維）と細い神経（C線維）両者から、痛みの神経情報は脊髄（せきずい）の後ろ（後角（こうかく））に入ります。脊髄後角から入った痛みの情報は、グルタミン酸という化学伝達物質によって、二次ニューロンに伝わると考えられます（3、4）。その刺激は、同じレベルの脊髄の前方（前角）の運動

表1-4：皮膚感覚の神経線維の分類

神経種類	役割	直径（μm）	伝導速度（m/sec）
Aα	筋紡錘という筋肉の収縮や弛緩で興奮する受容体からの脊髄に向かう情報、骨格筋の緊張を支配する	15	100
Aβ	触覚、圧覚	8	50
Aγ	筋紡錘へ脳からの情報を伝える	5	20
Aδ	痛みを早く伝える、温覚、冷覚	3	15
B	交感神経節前線維（脊髄近くにある）	<3	7
C	痛みやかゆみをゆっくり伝える、交感神経節後線維（血管収縮、汗分泌など）	1	1

3　Petrenko AB, Shimoji K.：A possible role for glutamate receptor-mediated excitotoxicity in chronic pain. J Anesth. 2001;15:39-48.
4　Petrenko AB, Yamakura T, Baba H, Shimoji K.：The role of N-methyl-D-aspartate（NMDA）receptors in pain: a review. Anesth Analg. 2003 ;97:1108-16.

をつかさどる神経細胞（運動ニューロン）にも伝達され、筋肉の収縮が起こります（P.16の図1-5参照）。痛み刺激によって足を引っ込めるのは、この反射です。この反射のなかには、脳の中心部（脳幹）まで行き、そこから帰ってくる反射もあります。

痛みの神経情報は脊髄後角内で変調（ゲートコントロール、図1-6）を受け、脊髄を上行して、大脳のまん中にある視床という中継核で、ふたたび変調を受けます。そこから大脳皮質知覚野（体性感覚野）で「痛い」と感じます。大脳に至るまでに3つの神経細胞（ニューロン）を中継しています（図1-5、P.18の図1-7参照）。1

図1-5：痛み刺激による運動反射

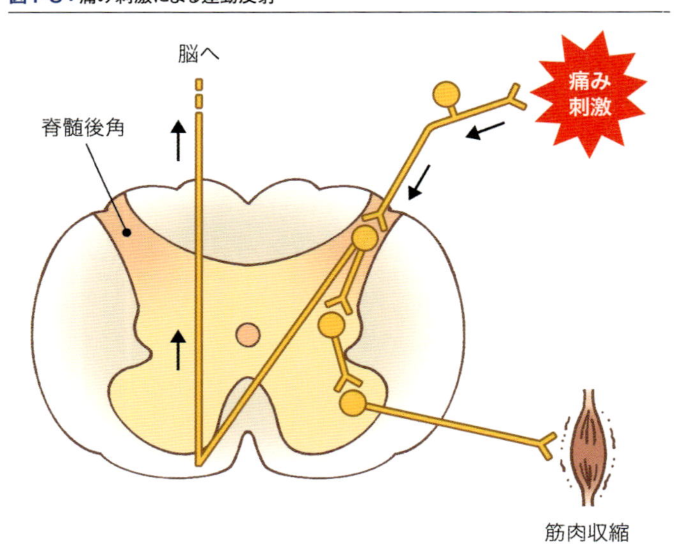

痛み刺激によって反射的に足を引っ込めるのは、脊髄内で神経細胞に痛み刺激の情報が伝わるためである

つは末梢神経Aδ線維とC線維などの一次ニューロン、次が脊髄後角から視床に至る二次ニューロン、そして視床から大脳皮質に至る三次ニューロンです。

図1-6：ゲートコントロール説（Melzack, & Wall, PD, 1965年）

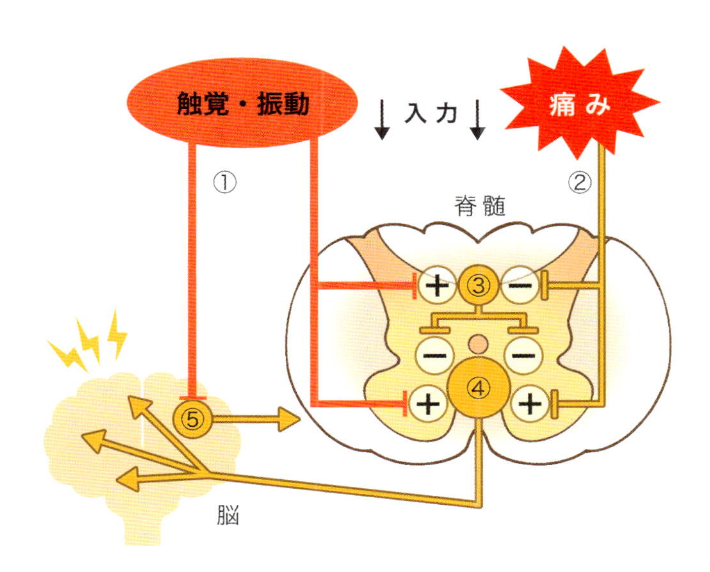

痛みのパターン説の一種。病的痛みを伝える細い神経の信号②は脊髄内⑥に入り、痛みの信号を伝達細胞④に伝達する。④は脳のいろいろな部位⑦に痛みの感覚を伝える。このとき、触覚や振動などを伝える太い神経の信号①は介在ニューロン③を介して、痛みを伝える伝達細胞④に抑制をかけている。また、太い神経の信号は脳⑤を介して、脊髄のこの系を下向性にコントロールしている。+、－の記号はそれぞれ興奮性の信号あるいは抑制性の信号を意味する

図1-7：痛みの受容（体）と伝導、大脳への投射模式図

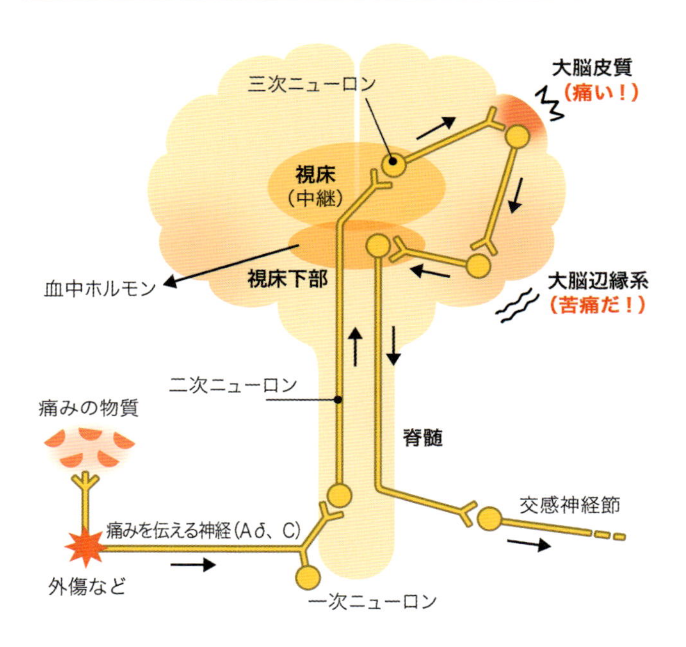

矢印で示した神経線維は脳全体に投射し、覚醒反応を起こすと同時に大脳辺縁系を介して情動反応を生じる

痛みを脳に伝える2つの道

前節で述べたニューロンとニューロンのつなぎ目（シナプス）では、化学伝達物質による情報伝達が行われます（図1-8）。

痛みを伝える神経の化学伝達物質（神経細胞のつなぎ目や神経末端の受容体に作用する化学物質）が作用するのは、脊髄後角内の一次ニューロンと二次ニューロンの神経接合部分、視床内にある二次ニューロンと三次ニューロンの神経接合部分です（P.18の

図1-8：中枢神経（脳と脊髄）の中の微細構造

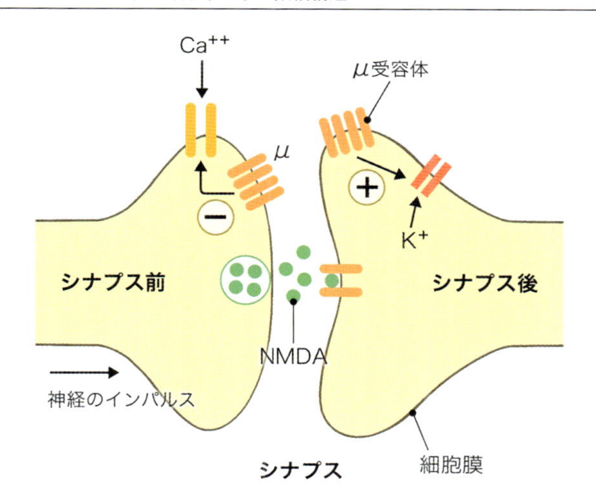

神経と神経のつなぎ目（シナプス）で、痛みなどを伝えるNMDA（化学伝達物質）がシナプス前膜から放出されるにはCaイオンが必要。オピオイド（麻薬など）はμ受容体を刺激してCaイオンの流入を阻止することによって、NMDAの放出を抑制する。またシナプス後膜では、膜内のKイオンを膜外に放出するのを促進して、インパルス（神経衝撃）の発生を抑制する

図1-7参照）。神経線維を痛みの情報が伝導するのは、電気的に行われます（電気的伝導という）。

これに対し、シナプス部分では化学的に行われます（「化学的神経伝達」という）。これらのしくみは、ほかの感覚である触覚（しょっかく）や振動覚（しんどうかく）、圧覚（あっかく）、温覚（おんかく）、冷覚（れいかく）などと似ています。一次ニューロンは脊髄で二次ニューロンに痛みの情報を伝え、二次ニューロンは視床で三次ニューロンに痛み情報を伝達します。三次ニューロンが最終的に大脳の感覚野に痛みの情報を伝えます。

図1-9：痛みの情報は脳全体に広がる

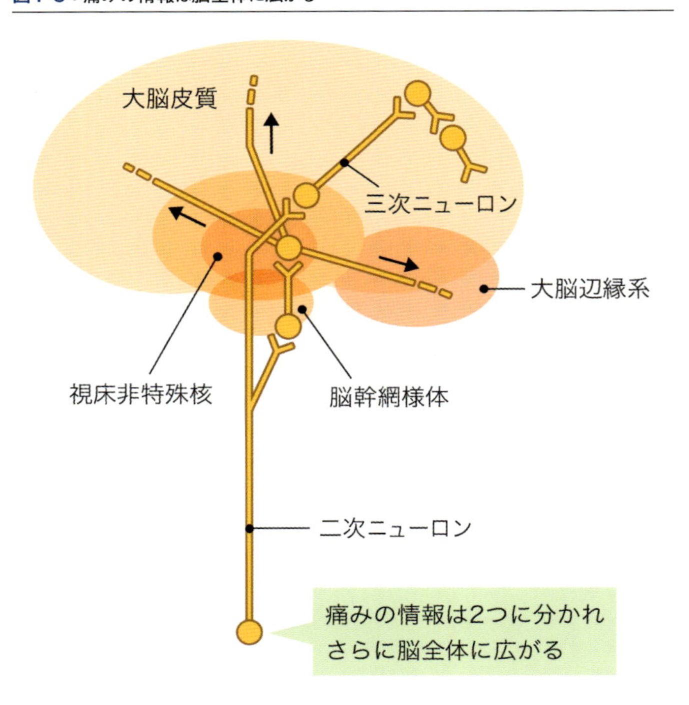

もう1つの痛みの情報は、同時に脳の中心部にある脳幹網様体（意識を保つうえで重要な部分）や、知覚の中継核である視床のなかで非特殊核（髄板内核）という部分にも情報が到来します（図1-9）。脳幹網様体に入った痛みの情報は、大脳全体に広がり脳を興奮（覚醒・緊張）させます。

視床の非特殊核（髄板内核）から、大脳辺縁系という大脳皮質の奥深い部分に痛み情報が投射して、苦痛を生じます。すなわち、痛みの感覚がほかの感覚と違うのは、痛いと感じると同時に不快や苦痛を感じるためです。

さらに痛みの刺激は脳の底にある視床下部の自律神経の中枢にも作用し、交感神経を興奮させ、末梢血管が収縮して血圧が上がり、呼吸が浅く速くなります。末梢血管が収縮すると、組織は虚血状態になり乳酸が溜まり、筋肉のこり（筋硬直）が生じます（P.16の図1-5参照）。このように痛みの感覚は「痛い」と感じると同時に、筋肉の緊張や不快・苦痛といった情動をともない、呼吸や循環系にも影響することになります。

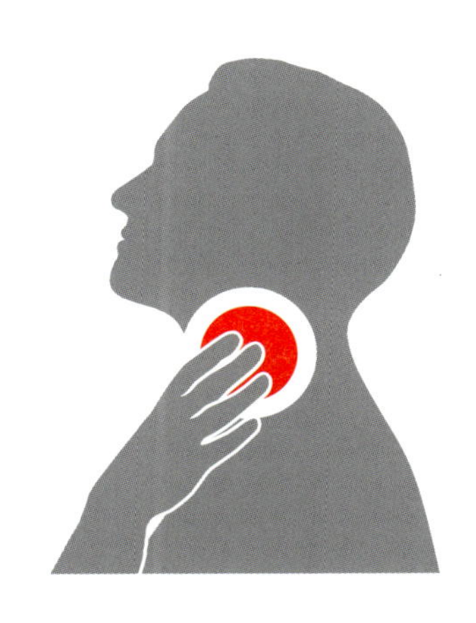

痛みはなぜつらいのか?

痛みは、なぜつらいのでしょうか？　脳の深い場所にある愉快・不快の中枢である大脳辺縁系という場所が刺激されるからです(P.18の図1-7、P.20の図1-9参照)。そういえば簡単ですが、そのしくみはよくわかっていません。意識を薬でコントロールすることによって、痛みを感じてもつらくならない状態を、人工的につくることができます。

著名な女性の神経生理学者、ブレイジャーが行った実験(1)に、次のようなものがあります。被験者に睡眠薬「バルビタール」を少量投与して、被験者は眠っていないが、呼びかけに応じる程度のところで痛み刺激を加えて、被験者の反応を見ました。

そうすると、被験者は「先生、痛みを感じますが、別にかまいません(Doctor, I feel pain, but I don' t care.)」と言ったそうです。この実験から、ブレイジャーは十分な静穏状態では痛みを感じても苦痛でないことを、人で臨床実験的に示しました。

「バルビタール」という薬は睡眠導入剤ですが、少量では静穏剤(せいおんざい)としても作用します。つまり意識があり、さらに痛みを感覚として感受できる脳のしくみが備わっており、痛みを感受したニューロン(神経細胞)が、その情報を情動にかかわる神経細胞、またはそのネットワークに伝えるしくみが備わっていて、はじめて痛みをつらいと感じる条件が整えられることがわかります。

実はそれだけでは十分でなく、意識が鮮明でなければ痛みを痛みとして感じとることができません。そのうちのどのニューロンも

1 Brazier MA: Role of the limbic system in maintence of consciousness. Anesth Analg. 1963;42:748-51.

正常に作動していて、はじめてつらいと思うのです。途中でどこかのニューロンの作用が抑えられるか障害されていると、つらいと感じなくなる可能性があります。痛みを苦痛に感じるのは、正常な脳の機能が保たれている証拠でもあります。

ブレイジャーの実験では、「バルビタール」という薬で大脳辺縁系の機能が抑制された結果、痛み刺激による「苦痛」が生じなかったのです。つまり、意識があっても大脳辺縁系が抑制されていると、痛みを苦痛に感じないと考えられます(図1-10)。

図1-10：「バルビタール」は主として脳幹網様体や大脳皮質、大脳辺縁系に作用

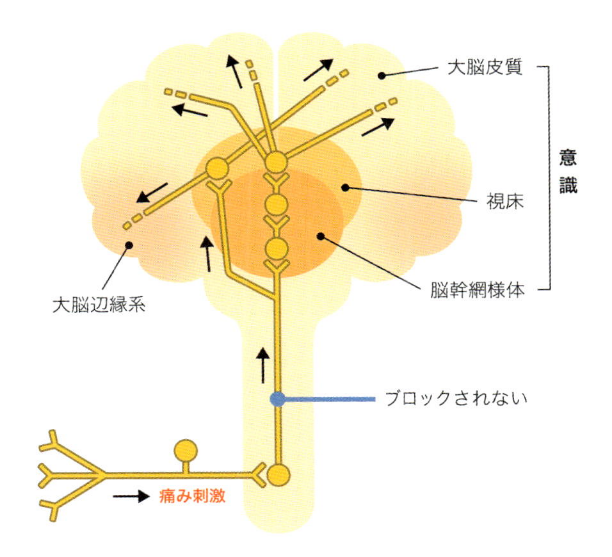

痛みの伝導路にはあまり作用していない。したがって痛み物質は、脊髄レベルや視床、大脳辺縁系には記憶としてインプットされている可能性がある

痛みとは心か?

「痛い」と感じる部分は、前に述べたように大脳皮質の感覚野(中枢)であることは確かです。しかし、大脳皮質感覚中枢だけで痛みを苦痛と感じているわけではありません。前項で述べたように、大脳辺縁系の関与があります。両者のやりとりが必須です。そのやりとりのなかで、過去の経験と照らし合わせるので、苦痛の程度や性質が違ってきます。それには前提があります。意識があることです。意識がなければ、痛みを感じることも苦痛を感じることもありません。

意識を担っている重要な場所は、脳の中心部にある脳幹網様体です。また、痛みの感覚を大脳皮質に伝える中継核は、これまた脳の深いところにある視床です。視床にも、痛みの感覚だけを大脳皮質に伝える特殊核と、大脳辺縁系や脳全体に伝える非特殊核という部分があります(P.18の**図1-7**、P.20の**図1-9**参照)。このように痛みを感じ、それを苦痛に思うのは、大脳皮質の感覚野のみならず、大脳辺縁系や視床、脳幹網様体の機能、そしてそこに至るまでの刺激伝導(電気的)や伝達(化学的)が、正常に機能していることが必須です。また苦痛と感じながら、それに対してどのように行動するかは、大脳皮質感覚野のさらに前にある、大脳皮質の前頭前野の統御中枢や、大脳皮質の運動野の関与があります。

「噛まれた小指の痛み」を考える

「あなたが噛んだ小指が痛い」という歌がありますね。「あなたが噛んだ小指の痛さ」は、たんに痛さだけでなく、そこには噛まれたときのよろこびの記憶があり、そのあとの別れのつらさ、すなわち心の痛みがともないます。またそのとき、小指の痛みの感覚の受容体(受け皿のようなもの)が、正常に機能していたはずです。同時に、噛まれたとき痛みの神経は正常に機能し、脊髄後角の中継核での変調や制御がなされています。

つまり、そのとき「あなたに噛まれた痛み」を大脳皮質感覚野で感じながらも、大脳辺縁系でよろこびを同時に感じていたはずです。言い換えると、噛まれたときは大脳皮質感覚野のみならず、大脳辺縁系や脳の中心部にある中脳水道灰白質(ちゅうのうすいどうかいはくしつ)から延髄に至る、下向性疼痛制御系(げこうせいとうつうせいぎょけい)といわれる痛みを抑える系が、関与していたは

図1-11：脳や脊髄に内因性としてもともと備わっている疼痛抑制系

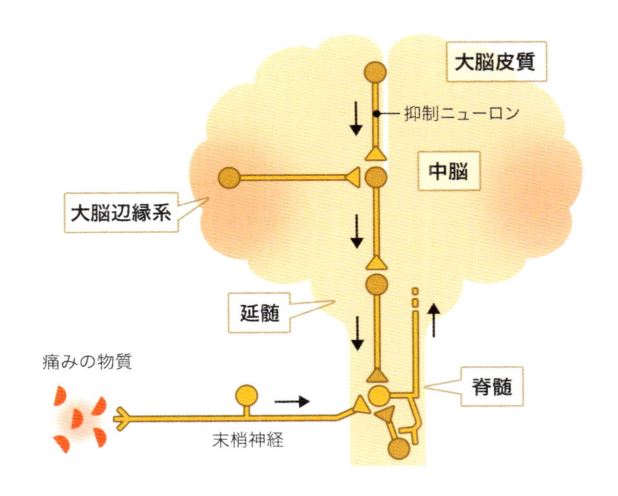

矢印は神経情報の方向を示す。大脳皮質や脳の中心部にある中枢、そして延髄からも脊髄の痛みを伝える神経細胞に対して抑制をかけるメカニズムが存在する。脊髄内でも痛みに対する抑制メカニズムがある

ずです（P.25の**図1-11**参照）。おそらく、脳内オピオイドやほかの抑制性の化学伝達物質が、多く分泌されていたでしょう。

視床下部からは、自律神経を介して副交感神経が興奮し、交感神経の活動は抑えられていたでしょう。視床からは、血中へのホルモンの分泌がさかんに行われていたでしょう。脊髄の痛みの感覚を調節する関門（P.16「ゲートコントロール」参照）も、この下向性疼痛制御系の影響を受けていたはずです（P.25の**図1-11**参照）。このように、痛みはそのときの脳の大脳皮質感覚野の機能のみならず、先に挙げた大脳全体の機能が正常に保たれ、また全体の

図1-12：痛みが脳で感受された結果、起きてくる事象

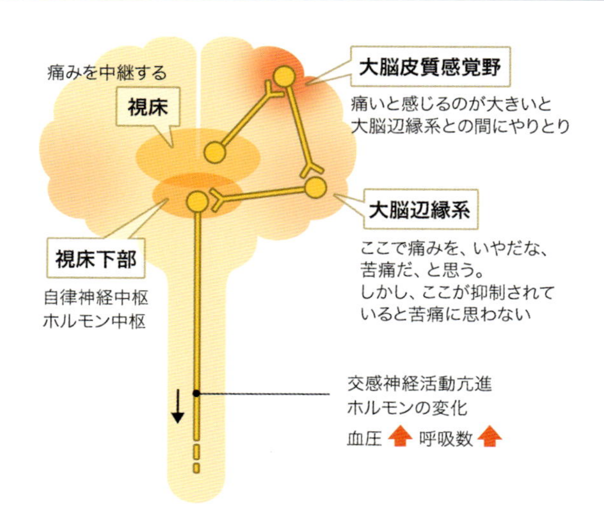

痛みが軽いと大脳皮質感覚野で痛いと感じ、痛みが強くなると大脳辺縁系に刺激が送られ苦痛に思う。さらに視床下部を介して交感神経活動が亢進する。しかし、眠っていると意識にのぼらない

有機的な機能の結合によってなされ、また時によって変動します。

そして、そのときの痛みの記憶は大脳辺縁系に保持されて、記憶をよみがえらせた現時点での感情、すなわち大脳全体の機能の出力によって、苦痛や喪失感、甘い思い出として心を揺るがせ、快・不快、両者の情緒を同時にかもしだすのです。したがって、痛みは心といってもいいでしょう（P.25の図1-11、図1-13参照）。

逆説的な言い方になりますが、心とは脳だけでなく身体全体の神経機能の有機的なつながりであり、またその統御です。しかし、その詳細なメカニズムは解明されていません。痛みという感覚や情緒を生みだす「意識」のメカニズムについても多くの仮説がありますが、解明されていません。

図1-13：痛みとは心?

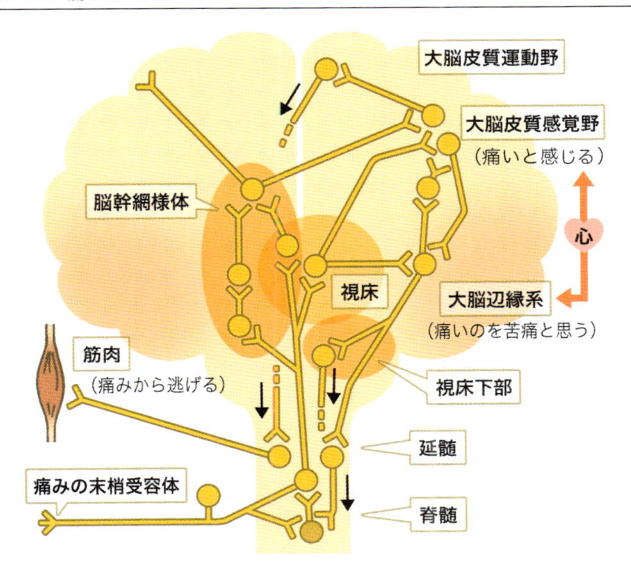

無意識下の痛み

意識がある場合、痛みの刺激は末梢神経のうちＡδ線維やＣ線維を伝わって脊髄に入り、脊髄を上行して脳に入り、視床という中継核を経て、大脳の感覚野（知覚中枢）で「痛い」と感じます。顔の痛み刺激だけは、別に顔を支配している三叉（さんさ）神経からいったん脳に入り、脊髄に下ってふたたび脳に入ります（図1-14）。

前に述べたように、痛みは意識があってはじめて感じ取ることができます。薬物で人工的に眠った状態の場合も、眠っているかぎり痛みを感じることはありません。しかし、この場合も自然の眠りの場合と同じように、痛みの刺激は脳に届いています。

麻酔薬の脳に対する抑制機構は薬物の種類によって異なりますが、痛み刺激が脳に届くまでに、かえって大きな反応になることもあります。たとえば「ケタミン」という麻酔薬で眠っている場合、痛みによる刺激やほかの感覚を刺激して、脳で電気信号としてとらえると、かえって大きな反応が検出されます。そのため、この麻酔薬のことを解離性（かいりせい）麻酔薬と呼ぶこともあります。

しかし薬で意識がない状態であるかぎり、その人は痛みを感じることはありません。痛みの刺激が大きくなると、反射的に身体を動かすことがあります。しかし、本人は痛みを意識しているわけではありません。

このように、脳が痛みを感受していても意識にのぼらない状態があります。これを、私は「無意識下の痛み」と呼んでいます。この「無意識下の痛み」は、前述したように大脳辺縁系や自律神経などを、かえって興奮させることがあります。たとえば、先ほどの「ケタミン」という麻酔薬は大脳辺縁系を興奮させ、交感神経活動を活発にします。痛み刺激の脳への伝導は十分保たれているにもかかわらず、意識にはのぼりません(P.26の図1-12参照)。

慢性の痛みが続いている場合、自然睡眠中、意識がないにもかかわらず、血圧が高く保たれ、発汗が多くなり、身体をよく動かす状態が観察されます。しかし意識がないかぎり、その間は痛みを感じてはいません(P.26の図1-12参照)。

ですが、この「無意識下の痛み」は記憶され、その人の痛みの悪循環を増大させるのではないかと、私は考えています。この点に関する研究はまだなされていません。当研究室の人での研究からこのことが示唆されます(1、2、3)。痛みに対しては、早期に対処したほうがよいことを示しています(P.26の図1-12参照)。

図1-14：首から下の痛みの神経と顔からの痛みの神経

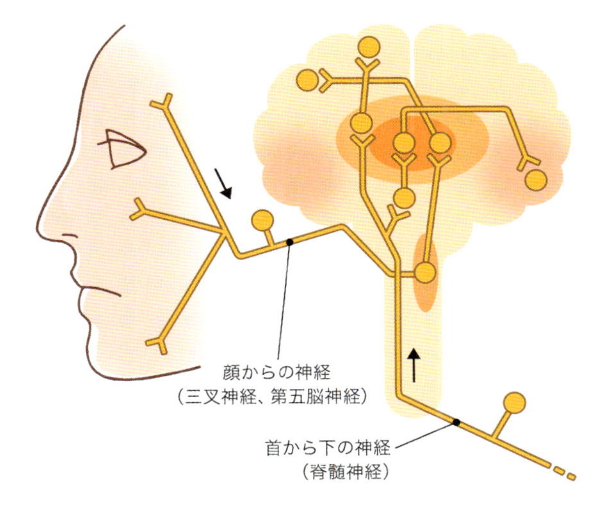

それぞれ脊髄神経と脳神経がつかさどる

痛みを抑えるメカニズムが身体の中にある ―上行性および下行性疼痛抑制系

前に述べたゲートコントロール説は、脳に向かって上がっていく痛みの情報が脊髄のレベルで変調を受け、抑制されるという考えです。したがって、これは上向性疼痛抑制系の一部であると考えられます。このような痛みに対する抑制は、脳の視床や大脳皮質でも起こっていると考えられています。

一方、脳から脊髄に向かう下向きの痛みを抑制するメカニズムが、動物や人にもあることが知られていました(4、5、6)。そしてついに1975年、スコットランドのKosterlitzらが、脳内エンケファリンという脳内オピオイド(麻薬様物質)の抽出や同定に成功しました(7)。また、もともと生理的に体内に備わっている内因性鎮痛機構や下行性鎮痛機構の研究(8)に、さらに拍車がかかりました(P.25の図1-11参照)。

あとに述べるように、この疼痛抑制系を活発化して、慢性の痛みをもつ病気を治療する方法があります。その生理的メカニズムも、次第に明らかになってきました。

1 下地恒毅：意識の発達と意識障害. 武下浩、竹内一夫、加藤浩子編：脳死判定基準―特に小児の脳死について―、真興交易出版、東京、2009、pp20-29.

2 Shimizu M, Yamakura T, Tobita T, Okamoto M, Ataka T, Fujihara H, Taga K, Shimoji K, Baba H：Propofol enhances GABA（A）receptor-mediated presynaptic inhibition in human spinal cord. Neuroreport. 2002 ;13:357-60.

3 Tanaka E, Tobita T, Murai Y, Okabe Y, Yamada A, Kano T, Higashi H, Shimoji K.：Thiamylal antagonizes the inhibitory effects of dorsal column stimulation on dorsal horn activities in humans. Neurosci Res. 2009 ;64:391-6

4 Reynolds DV:Surgery in the rat during electrical analgesia induced by focal brain stimulation. Science. 1969;164:444-5.

5 Shimoji K, Asai A, Toei M, Ueno F, Kushiyama S:[Clinical application of electroanesthesia. 1. Method]. Masui. 1969;18:1479-85.

6 Shimoji K, Higashi H, Terasaki H, Kano T, Morioka T:Physiologic changes associated with clinical electroanesthesia. Anesth Analg. 1971;50:490-7.

7 Hughes J, Smith TW, Kosterlitz HW, Fothergill LA, Morgan BA, Morris HR:Identification of two related pentapeptides from the brain with potent opiate agonist activity. Nature. 1975;258:577-80.

8 Noguchi R, Hamada C, Shimoji K:PAG stimulation does not affect primary antibody responses in rats.Pain. 1987;29:387-92.

「心頭を滅却すれば火もまた涼し」のことわざや、「火事などの急場でくぎを踏んでも痛くない」との言葉が、昔からあります。また、スコットランドの探検家デイヴィッド・リヴィングストン(写真1-15)が、アフリカ探検中にライオンに左手を噛まれた際の描写がありますが、ライオンに噛まれていたときはまったく痛みを感じなかったそうです。幸い仲間が銃でライオンを射殺し、リヴィングストンは命拾いをしています。

このようなとき、下向性疼痛抑制系がフルに作動しているのだと思われます。臨床で用いられている経皮的神経刺激や硬膜外脊髄電気刺激法、脳電気刺激法、ハリ鎮痛なども、ゆるやかに下向性抑制系が活発化されることによります(9、10)。

肉食動物に捕食されることが多い草食動物は、肉食動物から襲われるとき、脳内の疼痛抑制系が活発化して脳内モルフィン様物質(オピオイド)が大量に作られ、痛みが緩和されると考えられています。脳内オピオイドは、弱い草食動物に与えられた神様の贈り物なのかもしれません。

写真1-15:リヴィングストンの像

©Reisbegeleider.com-Fotolia.com

9 Shimoji K, Ito Y, Ohama K, Sawa T, Ikezono E.: Presynaptic inhibition in man during anesthesia and sleep.Anesthesiology. 1975;43:388-91.
10 Shimoji K, Kurokawa S; Anatomical Physiology of Pain. In Chronic Pain Management in Genaral and Hospital Practice, edited by Shimoji K, Hamann W and Nader A, Springer-Nature,2018, in press

第2章

痛みは人体にとって最大の有害ストレス

痛みストレスは交感神経活動を介し、心臓・血管に障害をもたらす

痛みが持続することが、身体にとっていかに好ましくないものであるかを、心臓の機能や血圧などの面から、さらに見ていきたいと思います。

急性の痛み刺激は、まず末梢神経のうちＡδ神経という比較的太い神経を刺激します。その刺激は神経を伝わり、脊髄の後根から脊髄内に入り、また脊髄の後角という部分でいろいろな変調を受けます。その刺激は、一部脊髄内の側角（そくかく）という部分で交感神経のニューロンに伝達します。交感神経ニューロンは興奮し、その刺激インパルスは脊髄の前根からでて、血管運動神経のインパルスとなって血管を収縮します（P.12の図1-2参照）。これは一種の反射です（1）。血管が収縮する（すなわち末梢血管抵抗が増える）と、血圧は上がります。血圧が上がれば心臓の仕事量が増えて、心臓の負担になります。

また、血管が収縮すると血液の流れは少なくなります。つまり、血管の中の血液量が少なくなります。体全体の血液量は一定ですので、そのぶんが心臓やその近くの大きな血管に押しやられることになります。そうなると、心臓や大血管の負担になります。血圧は上がり、心臓は一生懸命血液を送りだそうとして、血圧は上がります（図2-1）。

血管がやわらかく弾力性があればよいのですが、動脈硬化があったり年齢的に血管が少し硬い場合や、血管の壁になにか異常があったりすると（たとえば動脈瘤など）、その部分が破れたりす

1 Nordin M and Fagius J:Effect of noxious stimulation on sympathetic vasoconstrictor outflow to human muscles. J Physiology 1995;489:885-894

ることがあります。

痛みによって交感神経系の興奮が起こる、もう1つのメカニズムがあります。痛みの刺激は脊髄をのぼっていって大脳に達し、そこで「痛い」と感じます。痛みの刺激は「痛い」と感じると、そこから脳の深い部分（大脳辺縁系という）を刺激します。この部分が刺激されると、「いやだ」という情動（感情）をかき立てます。この部分は、さらに脳の底の部分にある視床下部の自律神経の

図1-1：慢性痛、ストレス、交感神経過敏症、うつ、不眠症はそれぞれ助長し合い、心身に悪い影響を与える

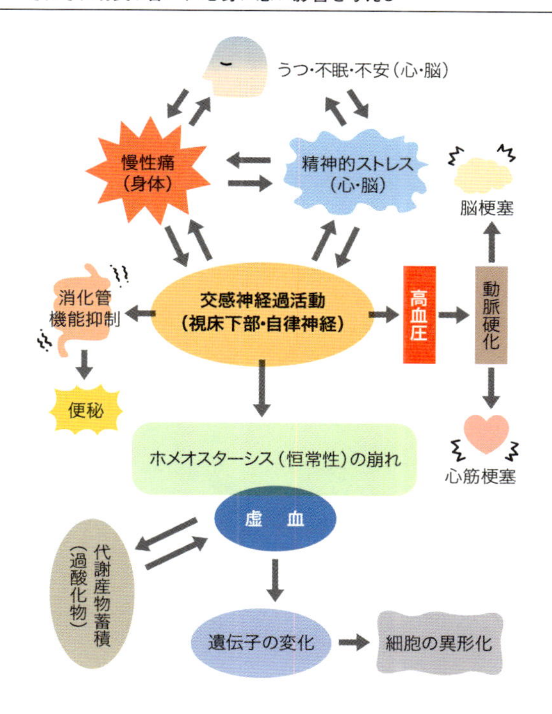

中枢に到達して、交感神経の活動を増加させます。すると全身の交感神経が興奮します。交感神経の末梢神経からは、カテコラミンというホルモンが分泌されます。カテコラミンは、全身の血管に作用して血圧を上げます。

視床下部はホルモンの中枢でもありますので、ここの興奮は副腎髄質(ふくじんずいしつ)のカテコラミン細胞からこのホルモンを分泌させ、副腎皮質からはコーチゾンというストレスホルモンを分泌させます。これらのホルモンが分泌されると、さらに血管が収縮し、血圧が上がります。ここにも痛み刺激が大脳を介して交感神経の活動を増大させるメカニズム（図2-2）があります（1）。

図2-2：痛みが交感神経過亢進をきたすしくみ

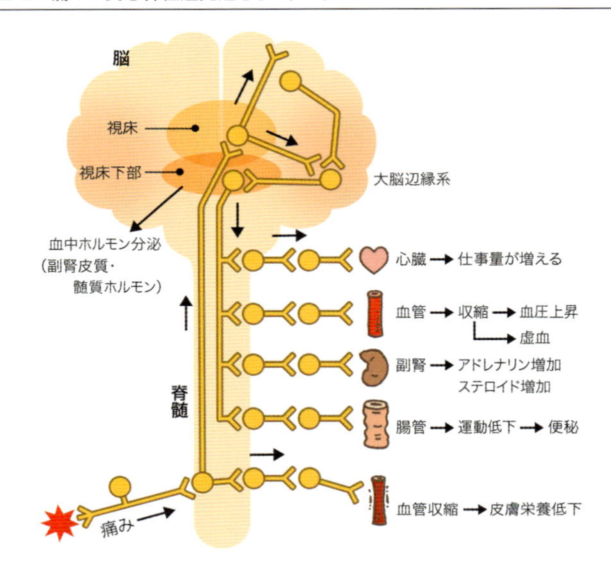

1 Luu P and Posner MI : Anterior cingulate cortex regulation of sympathetic activity Brain 2003; 126:2119-2120

痛みストレスは皮膚の血流を低下させる

慢性の痛みが持続すると、交感神経過活動が生じ、血液の流れが悪くなるのは前述しましたが、その影響を受けやすいのが、特に皮膚の血管です。慢性痛をもった人の痛い部位の皮膚の色が悪いのは、その影響が考えられます。

慢性の痛み刺激によって末梢の血流が低下すると、皮膚の温度は低くなり少し湿潤になります。これは交感神経が興奮し、血管が収縮して血流が少なくなったためです。また、交感神経の興奮は汗の分泌をうながしますので、皮膚が湿っぽくなります。

図2-3：持続的な痛み刺激は交感神経反射を亢進させ、それにより虚血をもたらし、痛み刺激を過敏にする

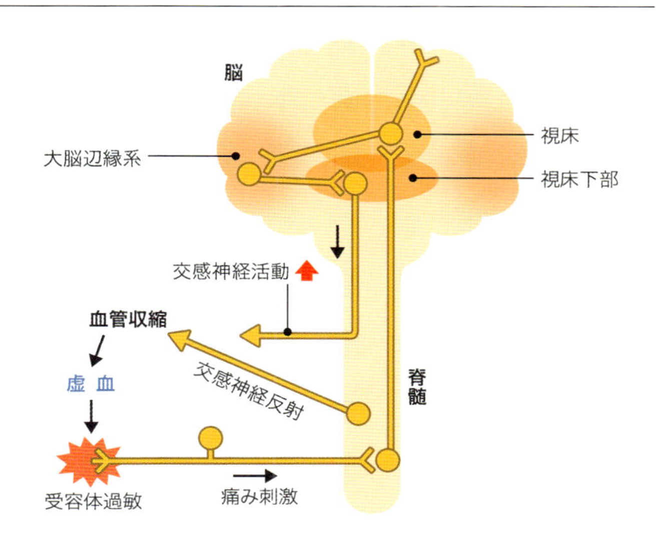

つまり、皮膚は冷たく湿っぽくなります。体の一部分でこのような状態が続くと、皮膚は栄養が悪くなり、次第に皮膚は薄くなり、外からは薄く光って見えるようになります。外傷などによるストレスなどで、身体の一部分にこのような病的な状態が見られることがよくあり、これをカウザルギーあるいは複合性局所疼痛症候群（CRPS）と呼んでいます。外傷にかぎらず、ほかの病気でもこのような病態が起こることがあります（P.37の図2-3参照）。

局所で起こった交感神経の緊張は局所にとどまらず、次第に周囲に広がるのも特徴です。局所の痛みの刺激によって、同じ

図2-4：交感神経過活動は特に皮膚の血管を収縮する

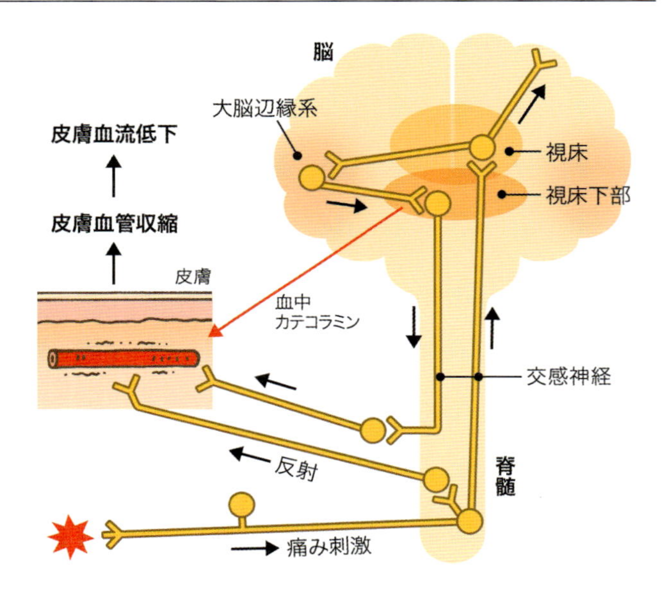

脊髄の高さ（脊髄分節）からでる交感神経が、反射的に興奮します（P.36の図2-2、P.37の図2-3参照）。その反射は、次第に周囲の交感神経に波及し広がります。一方、痛みの刺激は脊髄を上行して、脳の底部にある視床下部の自律神経中枢を刺激し、全身の交感神経活動の緊張状態をもたらします。心の痛みや不安、緊張、日々のストレスも全身や局所の交感神経過活動を招きます。その影響を特に受けやすいのが、心臓と皮膚の栄養血管（図2-4）です。したがって、痛みが持続すると循環系（心臓や血管）に対してばかりでなく、皮膚の美容にもよくないことになります。

図2-5：痛み刺激からくる交感神経過活動による末梢での痛みの悪循環

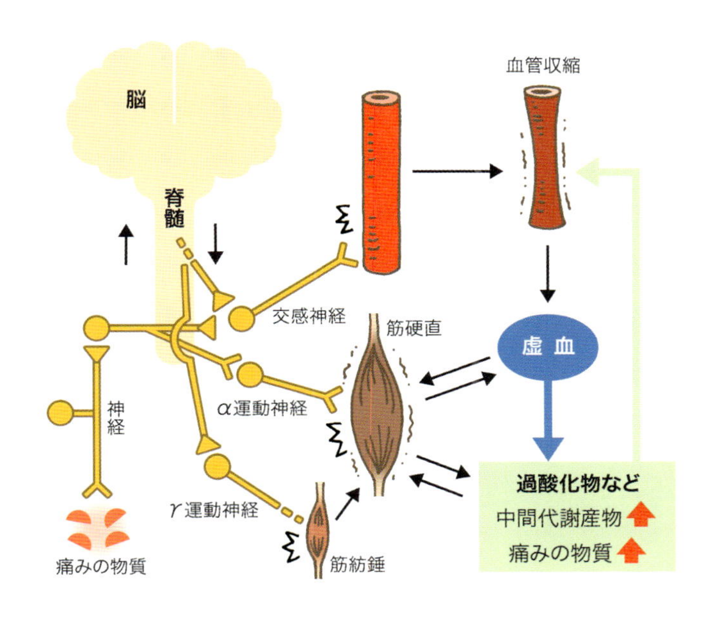

痛みストレスは交感神経を介し、筋肉の硬直をもたらす

交感神経の緊張によって、末梢の血流が低下すると酸素が十分に供給されず、ブドウ糖が水と炭酸ガスに分解されない状態になり、乳酸などの中間代謝産物が蓄積します。乳酸などが溜まると、筋肉を過剰に刺激し、筋肉は異常に収縮します。首・肩のこりや腰痛など、また手や足のこりも、こうして起こることが

図2-6：痛みストレスの悪循環

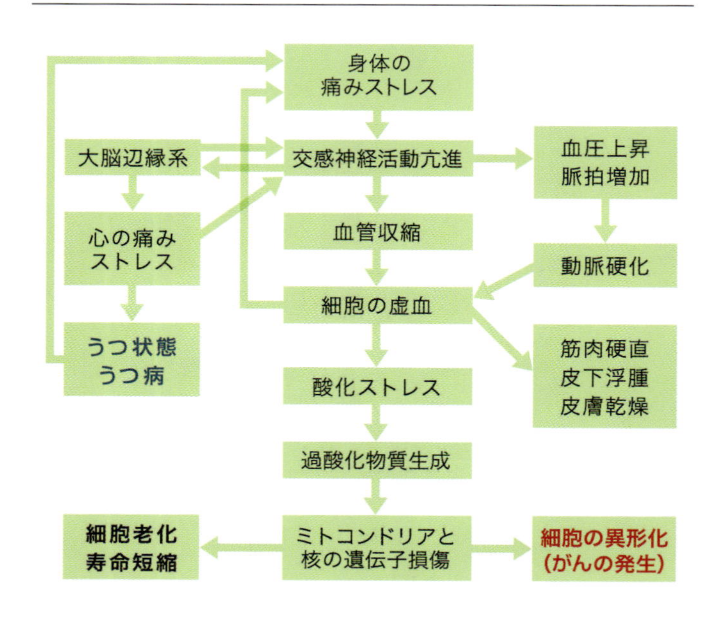

多いのです。血管を拡張して血流を改善させることで、多くの場合このような症状はなくなります。血流改善で症状が取れない場合は、ほかの原因を考える必要があります。痛み刺激によってこのように筋肉の過剰な収縮が生じ硬直が起こると、今度はその刺激が交感神経を刺激して、ここにも悪循環が生じます（P.12の図1-2、P.39の図2-5参照）。

肩こりや首の痛みとこり、腰の痛み、頭痛（特に筋緊張性頭痛）の原因に、ストレスからくる交感神経緊張があります。そのストレスの原因が慢性の痛みにあることが、しばしば見られます。逆にストレスが交感神経過活動を引き起こし、それが筋肉の硬直をもたらし、それによって生じた慢性の痛みがストレスとなって、交感神経緊張をもたらす悪循環を形成します。それぞれが助長し合うことになります。したがって、その悪循環をどこかで早期に断ち切る必要があります（P.39の図2-5、図2-6参照）。

痛みストレスはうつ病のもとになる

痛みの刺激は不快な情動をともなうことを前述しましたが、不快な状態が持続すると、大脳辺縁系から大脳全体にその刺激が伝わり、うつ症状の原因になります。うつの原因には種々のストレスがありますが、そのなかで慢性の痛みによるストレスが、大きな原因の1つになっていることが多く見られます。また、不安やストレスで筋緊張が高まり、その結果、慢性の痛みを生じ（頭痛や肩こり、腰痛など）、交感神経過緊張を招くことになります（P.12の図1-2、P.18の図1-7、P.36の図2-2、P.37の図2-3参照）。

身体の痛みや、うつという心の痛みは、大脳辺縁系でいっしょになり脳全体に広がり、さらにうつ状態を助長し、不安神経症の原因にもなります。大脳辺縁系は、自律神経中枢と密接な神経の連絡があり、交感神経の異常な興奮をもたらし、交感神経緊張状態が同時に形成されます(1)。心の痛みやそこからくるストレスが、その背景にあることもあります。うつの原因には、大切な人との死別や離別による心の痛み、人間関係によるストレス、仕事の失敗による心の痛み、環境の大きな変化によるストレスなどがありますが、それに身体の痛みが加わると、そのストレスは倍加します。

ハーバード大学病院(MGH)の調査によると、慢性の痛みをもっている人はなんらかのうつ症状をもっており、またうつ症状は慢性の痛みを増悪することがわかりました。つまり、痛みは不快な感情状態であり、不快な感情状態は痛みをより増幅させ、両者は切り離せない関係にあります。また慢性の痛みをもっている人は、精神疾患にかかる率が3倍に増えることが報告されています。

メイヨークリニックの研究によると、うつ病患者の多くがなんらかの慢性の痛み、特に頭痛や背部痛をもっているようです(2)。著者の経験からも、慢性の痛みをもっている患者さんの約3割がうつ症状をもっています。したがって、治療も痛みが原因でうつ症状がある場合は、痛みを取る治療に焦点をしぼり、また痛みの原因がうつの場合は、精神科や心療内科、神経内科と協力して痛みの治療にあたり、痛みとうつ症状が合併している場合は、両者の治療を同時に行っていく必要があります(P.12の図1-2、P.26の図1-12参照)。

---

1 Carney RM, Freedland KE, Veith RC:Depression, the Autonomic Nervous System, and Coronary Heart Disease. Psychosom Med. 2005;67:S29-33.

2 Martens EJ, Nykl?cek I, Szab? BM, Kupper N.Depression and anxiety as predictors of heart rate variability after myocardial infarction. Psychol Med. 2008 Mar;38（3）:375-83. Epub 2007 Nov 8.

痛みは記憶される

神経科学の領域では、神経の可塑性（plasticity）という言葉が最近よく使われます。学習や記憶のしくみに、この神経の可塑性が重要な働きをしていることが知られています。痛みが持続すると、痛みを伝える末梢神経（一次ニューロン）の受容体にさえ変化をきたし、それによって脊髄や脳の中で神経と神経をつなぐシナプス（神経と神経をつなぐ間隙（かんげき）で、ここで神経の化学的伝達が行われる）の化学的伝達に変化が起こり、これによって神経網（神

図2-7：持続的な痛み刺激による中枢神経内における悪循環

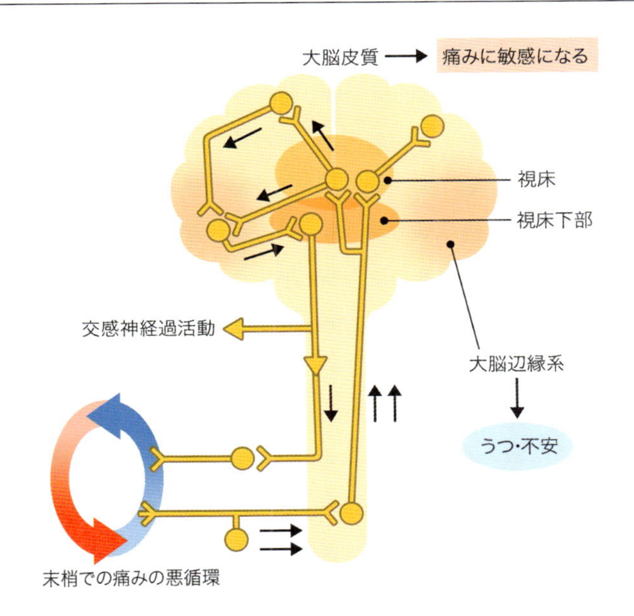

経の網の目のようなネットワーク）の再構築が生じて、病的な神経活動が持続するようになることが知られてきています。

このように、神経のネットワークが再編成されることによって神経の情報伝達が従来のものと変わってしまうことがあります。正常な場合でも、この神経の可塑性変化が、記憶や学習の神経生理学的な基礎をなすことが知られています。痛みによっても神経に可塑性変化が生じること、すなわち、痛みは中枢神経（脳や脊髄）の中で記憶されると考えられています（P.43の図2-7）。

このような、いわば「痛みの記憶」が、人でもかなり早い時期から生じていることが示唆されています（1、2）。

これらの研究から、できるかぎり早い時期から痛みの治療を行う「先攻鎮痛」の概念が生まれ、臨床的にも応用されだしています（3、4）。たとえば手術操作による痛み刺激を抑え、術後に痛みが起こらないように、術前から強力な鎮痛処置を行うことによって術後痛の発生が抑えられます。

脊髄、視床、大脳辺縁系の前帯状回という部分などに、痛みの記憶は観察されています。神経障害性疼痛（ニューロパシック・ペイン）では特に、痛みの記憶がその病気の背景に強くかかわっています。また、神経化学伝達物質のなかでもグルタミン酸の受容体を敏感にしているのは、脳由来神経栄養因子（BDNF）のようです（5）。このBDNFは脳神経の栄養に欠かせない物質ですが、同

---

1 Descalzi G, Kim S, Zhuo M.:Presynaptic and postsynaptic cortical mechanisms of chronic pain. Mol Neurobiol. 2009 ;40:253-9.
2 Shyu BC, Vogt BA.:Short-term synaptic plasticity in the nociceptive thalamic-anterior cingulate pathway.Mol Pain. 2009;5:51.
3 Aida S, Yamakura T, Baba H, Taga K, Fukuda S, Shimoji K.：Preemptive analgesia by intravenous low-dose ketamine and epidural morphine in gastrectomy: a randomized double-blind study. Anesthesiology. 2000 ;92:1624-30.
4 Aida S, Fujihara H, Taga K, Fukuda S, Shimoji K.:Involvement of presurgical pain in preemptive analgesia for orthopedic surgery: a randomized double blind study.Pain. 2000;84:169-73.
5 Tsuda M, Masuda T, Kitano J, Shimoyama H, Tozaki-Saitoh H, Inoue K.:IFN-gamma receptor signaling mediates spinal microglia activation driving neuropathic pain.Proc Natl Acad Sci U S A. 2009;106:8032-7

時にうつ病や双極性障害、統合失調症などとも関連していることがわかってきました(6)。

したがって、痛みは早いうちにブロックして、これまで述べた悪循環におちいらないようにする必要があります。すなわち痛みの治療は予防的治療でもあります(図2-8)。

図2-8：痛みの悪循環をブロックする

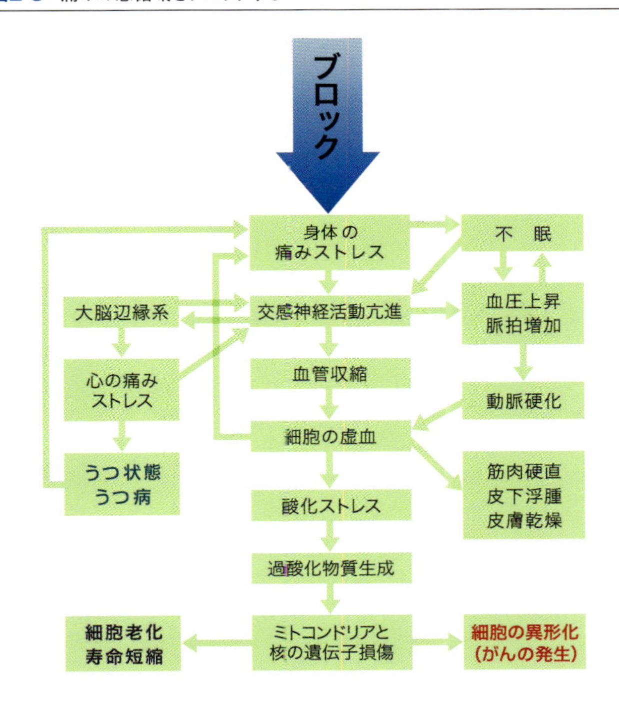

6 Miyagawa K, Tsuji M, Fujimori K, Takeda H.:[An update on epigenetic regulation in pathophysiologies of stress-induced psychiatric disorders]、Nihon Shinkei Seishin Yakurigaku Zasshi. 2010;30:153-60(abstract)

第3章

代表的な痛みのメカニズムと対処法

頭はなぜ痛くなるのか？ ――さまざまな頭部の痛み

頭の痛み（頭痛）は、脳細胞から生じてくることはありません。大脳皮質感覚野の脳細胞（ニューロン）が痛みを感じるのですが、ニューロン自体に病変がおよんでも、痛みを感じ取ることができません。特殊な場合以外、ほとんどすべて末梢神経からの情報でしか感じることができないのです。特殊な場合とは、表3-1に示したような病変です。

たとえば脳腫瘍がある場合でも、その結果起こる脳圧の上昇のため、脳膜（くも膜・硬膜）が刺激されて痛むことになります。また、かならずほかの症状がともないます。頭の痛みのみが起こることはありません。

頭痛のうちよく見られるものに、神経・筋肉の緊張が原因で起こる緊張型頭痛と、血管が原因で起こるクラスター頭痛、片頭痛（へんずつう）があります。これらを一次性頭痛といいます。脳病変で起こる頭痛を二次性頭痛といいます。

一次性頭痛 ―― (1) 緊張型頭痛：神経・筋肉の緊張で起こる頭痛

日本人の約25～30％が、頭痛もちといわれています。そのうち、もっとも多いのが緊張性頭痛です。男性よりも女性に多く、生理中にもよく見られます。

緊張型頭痛が起こる原因としては、精神的・身体的ストレスや筋肉の緊張などが、複雑にからみ合っていると考えられています。身体的ストレスの原因としては、無理な姿勢や目の使い過ぎなどが考えられます。特に目や肩などにストレスが集中すると、周囲の筋肉がこわばって血行が悪くなり（肩こり）、さらに筋肉中に疲労物質である乳酸などが溜まって周囲の神経を刺激し、後頭部の頭痛を招くと考えられています。長時間、パソコンやテレビ、モニター機器などに向かって作業に従事する人などによく見られます。

また、精神的ストレスの原因として考えられるのは、心配ごとや不安・悩みです。その結果、交感神経緊張状態になると、頸部や後頭部の血管が収縮し、そのため筋肉への血流が低下し、筋肉がこわばって頭痛を訴えることになります。これには性格も左右し、きまじめできちょうめんな人ほど、この症状が現れやすい

表3-1：痛みの特殊な状態

❶ がんの初期：周囲の神経を刺激したり血管を閉塞したり、炎症を起こしたりすると痛む
❷ 代謝性疾患（糖尿病の初期など）：糖尿病が進み神経炎を起こしたり、血管の変化を起こすようになると、痛みやしびれが起こってくる
❸ 循環系疾患（高血圧など）：血圧が高いまま放置すると動脈硬化が進行し、血のめぐりが悪くなり、虚血性の痛みが手足などに起こってくる
❹ 膠原病（結合組織病）：抗原抗体の異常で起こる自己免疫疾患の一部には、痛みを感じないものもある。リウマチ性関節炎は痛みをともなう
❺ 運動系の神経難病：筋萎縮性側索硬化症（ALS）、脊髄小脳変性症、パーキンソン病などは運動系の病気なので、直接的には痛みをともなわない
❻ 腎臓や肝臓の病気：腎臓や肝臓は臓器内に痛みの神経がないので、痛みを感じない
❼ 先天性無痛無汗症：遺伝子異常によって痛覚神経と汗腺を支配する神経が欠如するので、痛みを感じない
❽ ショック症状：精神的、身体的ショック症状が強い場合、一時的に痛みを感じなくなる
❾ 昏睡：意識障害が重度の場合、痛みには反応しない
❿ 深い眠り：眠っている間は痛くない。もっとも痛み刺激で起きる場合もある
⓫ 全身麻酔や局所麻酔：全身麻酔や局所麻酔薬で神経の伝導や伝達がブロックされた状態では、痛みを感じない
⓬ 脳や脊髄、末梢神経の病気：神経の病気での痛み刺激が脳に伝わらない場合、たとえば脳出血・脳梗塞、脊髄出血・脊髄梗塞、炎症などで痛み刺激が伝わらない
⓭ 外科的に痛みの伝導路の神経を切った場合：痛みが強い場合、外科的にあるいは化学的に神経を切断して痛みを感じないようにする

といわれています。女性に多く、数日から数週間持続することもあります。

まず、頭痛の予防と治療は生活習慣を改善することです。ストレスに対する対処、たとえばストレッチやウォーキング、軽い運動、マッサージ、入浴などで筋肉の血流をよくして、心身をほぐすことです。すなわちストレスが積み重ならないように、日ごろのリラクゼーションを考えることが大切です。

治療には、脳に働いて筋肉をやわらかくする中枢性弛緩薬や精神安定剤などが使用されます。これらの治療でも十分でない場合

図3-2：後頭神経ブロック

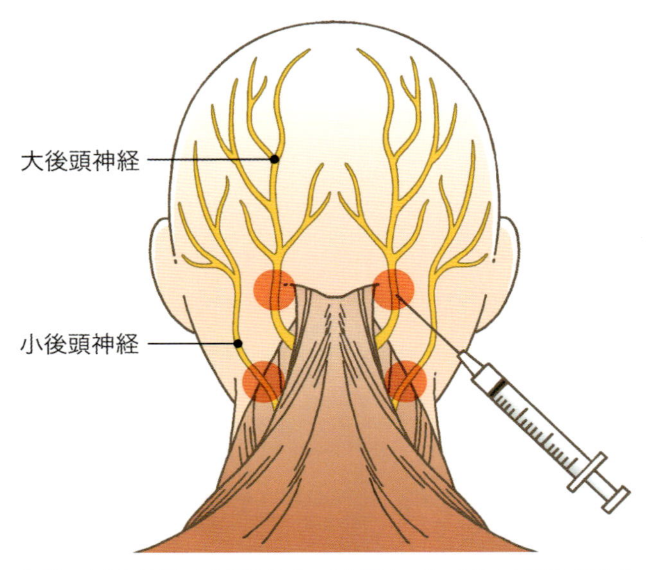

両側の大後頭神経と小後頭神経ブロックを行うと、痛みと筋肉の緊張が取れる

は、神経ブロック療法を行います。後頭部の痛みに対しては後頭神経ブロック（図3-2）を行い、痛みの神経や運動神経、交感神経のインパルスをブロックして、痛みの知覚と筋緊張を抑え、血管を拡張して血行を改善します。後頭部から首の後ろにかけての痛

図3-3：頚部硬膜外ブロック

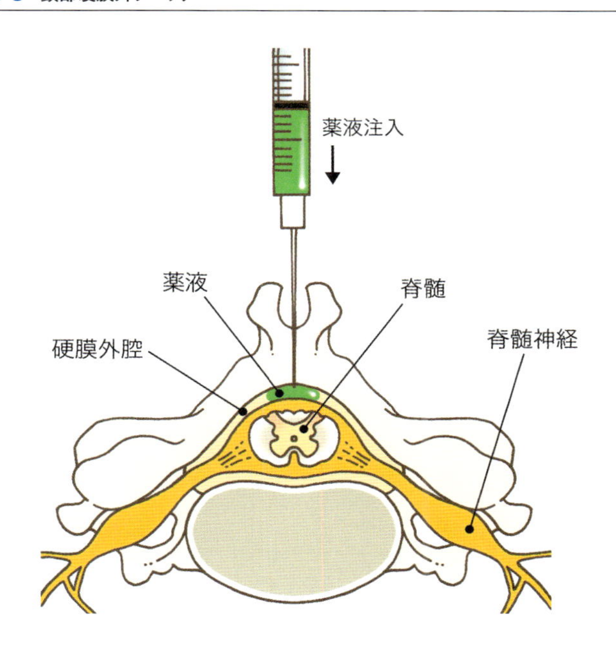

頚部の硬膜外腔に針を進め、脊髄神経をその場所でブロックする。低濃度局所麻酔薬で選択的神経ブロックを行う。痛みの神経や交感神経、ガンマー運動神経を選択的にブロックして、痛みの緩和や血流の増加、筋弛緩をはかる。炎症が強い場合はステロイドなどを混注する。また、痛みが強い場合は麻薬を追加することもある

みが強い場合は、頸部硬膜外ブロック(P.51の図3-3参照)を行い、頸部から後頭部にかける広い範囲の痛みをブロックし、血流を改善して筋肉を弛緩させます。

症例

ストレスによる頭痛、首肩の痛み

29歳・女性、スタジオ製作

数カ月前より、頭痛や月経不順、花粉症、頻尿を訴え、特に頭痛がひどいので、某大学病院で頭部CT検査を行いましたが、異常なしといわれました。痛み止めを内服して、ある程度は痛みが治まったようです。

しかし、心配になり当科を受診。頸部から後頭部の筋緊張が強く認められます。花粉症や月経不順などから考えて、これらの症状がすべて交感神経過緊張と関連があると考え、星状神経節ブロックを毎週行い、抗不安薬と睡眠薬を処方しました。また、生活のリズムを一定に保持するように指導しました。約3週間の治療で、症状が治まりました。

本症例は仕事による緊張が続き、不安のため睡眠障害をきたし、生活のリズムが崩れ、次第にストレスからくる筋緊張による筋緊張性頭痛が生じたと考えられます。脳に病変がある場合は、かならずほかの神経症状(めまいや吐き気、手足のまひ、異状知覚など)がありますので、この症例の場合、まったくCT検査は不必要です。

一次性頭痛 ―― (2)血管性の頭痛

血管が過剰に拡張したり、収縮したりすることによって起こると考えられている頭痛の総称です(図3-4)。

● クラスター(群発)頭痛

原因は、脳の底にある視床下部の後部の異常によると考えられていますが、まだはっきりしていません。内頸動脈の周囲の海

図3-4：一次性頭痛の起こる原因

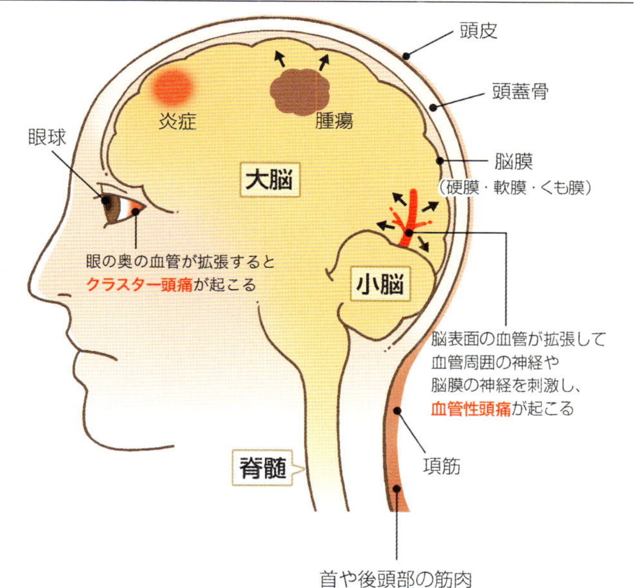

一次性頭痛としてストレスなどによって起こる緊張性頭痛は、首や後頭部の筋緊張が原因となる。クラスター頭痛や片頭痛は脳表面や目の奥にある血管が、なんらかの原因で拡張して血管周囲や脳膜の痛みの神経を刺激して、頭痛が引き起こされる。二次性頭痛のうち、脳腫瘍では腫瘍が脳膜や血管周囲の痛みの神経を機械的に刺激して痛みを起こす。髄膜炎があると、炎症が脳膜の痛みの神経を刺激して痛みを起こす

綿静脈洞神経叢（めんじょうみゃくどうしんけいそう）の、おそらくセロトニンという化学伝達物質が悪さをしていると考えられています。また、発症の引き金になるのは頭や顔面の神経の浮腫（ふしゅ）（水ぶくれ）が、直接の原因とされています。その水ぶくれの原因になっている物質として、血管作動性腸管ペプチド（VIP）などが示唆されています。

痛みの程度は強く、患者さんによっては「まるで悪魔に襲われたような痛さで、身体が衰弱してしまう」と表現するほどの痛みです。従来から、心筋梗塞や尿管結石の痛みと同じ程度だといわれ、三大激痛と称されます。

©Corbis-Fotolia.com

この頭痛の特徴は、1年〜数年に一度、1〜数カ月にわたって、ほぼ毎日決まった時間に押し寄せるように頭痛が起こることです。痛みの程度が激しいので、睡眠中に発作が生じると睡眠恐怖症になることもあります。目の奥に痛みを感じることが多く、涙や鼻水がでたり、瞳孔(どうこう)が小さくなるなどの自律神経症状が現れることもあります。痛みの発作がない間も、ある程度の頭痛が続く場合があります。

治療としては「イミグラン」などのトリプタン系の薬を使います(1)。痛みが激しいので、海外では「イミグラン」の自己注射がふつうに行われています。わが国でも2008年より、やっと自己注射が保険適用となりました。そのほかの薬もありますが、あまり効果がありません。深呼吸や酸素吸入が、予防や効果があることがあります。頭痛があるとき、アルコールは禁忌です。

片頭痛

片頭痛の特徴は、頭痛の前兆として閃輝暗点(せんきあんてん)(光が揺らぐような暗点)や羞明(しゅうめい)(通常の光をまぶしく感じること)、フォノフォビー(通常の音をひどくうるさく感じること)などがあることです。

---

1 Law S, Derry S, Moore RA.：Triptans for acute cluster headache.Cochrane Database Syst Rev. 2010 ;(4) :CD008042.

ひどい場合は、吐き気や嘔吐もともないます。頭痛なしで上記の症状がでることもあります。症状によって、前兆をともなう片頭痛や前兆遷延型(ぜんちょうせんえんがた)片頭痛、家族性片まひ性片頭痛、脳底型片頭痛、前兆のみで頭痛をともなわないもの、突発性前兆をともなう片頭痛の6種類があります。

最近の研究によると、いろいろな神経伝達物質の受容体が関係していると考えられています。たとえば、カルシトニン遺伝子関連ペプチド(CGRP)やグルタミン酸、カプサイシン(TRPV1)などの受容体が、候補に上がっています。遺伝的な素因もあります。

この頭痛が起こるとき、大脳皮質に拡延性(かくえんせい)抑制(大脳皮質に化学物質などの刺激が加えられると、神経細胞のイオン平衡が破綻して、それがゆっくりと周辺に広がる現象)が生じるので、これが片頭痛の原因ではないかと示唆されています。

予防としては、過労を避け、ストレスが溜まらないように気分転換をはかり、睡眠不足にならないように、生活のリズムを一定にすることなどです。また、コーヒーなどカフェインを含む飲料が、効果があることがあります。ビタミンB_2やマグネシウムを多く含む食べものや、ハーブ(西洋フキやナツシロギクなど)なども効果があることが知られています。

治療としては、セロトニンという神経伝達物質と協調的に作用する薬物(アゴニスト)であるスマトリプタン(商品名「イミグラン」「イミトレックス」)で、血管炎症を抑えます。最近は消炎鎮痛薬のイブプロフェン(商品名「ブルフェン」)(1)やアスピリン(2)も効果があるとされています。

1　Rabbie R, Derry S, Moore RA, McQuay HJ.：Ibuprofen with or without an antiemetic for acute migraine headaches in adults. Cochrane Database Syst Rev. 2010;10:CD008039.
2　Kirthi V, Derry S, Moore RA, McQuay HJ.：Aspirin with or without an antiemetic for acute migraine headaches in adults. Cochrane Database Syst Rev. 2010;(4) :CD008041.

また、食べものが原因で片頭痛が起こることがあります。赤ワインやチーズ、ビール、チョコレートなど、チラミンという物質を含んでいる食品を摂ると、これらがトリガー（引き金）となって頭痛が起こる人がいます。このような人は、体質的にチラミンを分解する酵素が少ないために頭痛が起こることがわかっていますが、詳細な機序は明らかでありません。片頭痛を起こす食品としては、アイスクリームやヨーグルト、古いチーズ、硬化肉（ホットドッグやベーコン、ハム、サラミなど）、柑橘類、ナッツ類、グルタミン酸、食品添加物、漬物、鶏の肝臓、豚肉、魚類、缶詰のイチジクやソラマメ、トマト、カフェイン、亜硫酸塩、亜硝酸塩などがあります。そのほか頭痛を起こすものに、一酸化炭素や鉛、強い光、香水などがあります。

緊張型頭痛、群発頭痛、偏頭痛の3つを一次性頭痛といい、次の二次性頭痛と区別しています。一次性頭痛の特徴は、ほかに特別な神経症状がなく、習慣性で反復して起こることです。

二次性頭痛

二次性頭痛は、脳やその周辺になにか病変があって、その結果起こる頭痛です。

たとえば、脳腫瘍によってくも膜や硬膜が刺激されたり、くも膜下出血によってくも膜が刺激されたりして起こる場合です。また、顔面に浮腫などがあると、三叉（さんさ）神経が刺激されて頭痛として訴えることもあります。髄膜炎なども髄膜が刺激されて頭痛を生じます。髄膜刺激で起こる頭痛に、最近注目されている低髄液圧（ていずいえきあつ）症候群があります。脳の側頭動脈炎はわが国では少ないのですが、拍動性の側頭の痛みと視力の異常がくると、緊急に専門の医師（救急専門医か脳外科）を訪れる必要があります。

一次性頭痛の場合はそれほど緊急を要することはありませんが、二次性頭痛の場合は緊急を要する場合が多いので、注意が必要です。二次性頭痛のなかで、特に緊急を要するものを表3-5に挙げます。これらの頭痛が起きたら、緊急に病院を訪ねる必要があります。

頭痛ではないのですが、脳の中に原因があるにもかかわらず、身体の痛みとして感じる痛みがあります。視床痛（ししょうつう）といわれるものです。脳梗塞や脳出血によって、視床に病変がおよんで起こる身体の一側性の痛みです。まひと同じ側に、身体の痛みとして起こります。視床はほかの知覚と同様に、痛覚も中継します。ここから大脳皮質の第一次知覚領に痛みの情報を伝達します。どのようなしくみで視床痛が起こるのか、まだよくわかっていません。

食べものや嗜好品によって生じる頭痛として多いのが、アルコールあるいはその飲み過ぎによる頭痛ですので、これについては、別に説明します。アルコール以外にも、食べものや嗜好品によって起こる頭痛があります。たとえばチョコレートや赤ワイン、チーズなど、チラミンという物質を含んだ食べものによって頭痛が起こる人もいます。また、保存剤である亜硝酸塩や化学調味料に含まれるグルタミン酸も頭痛を起こします。冷たい食べもの、た

表3-5：緊急を要する二次性頭痛

くも膜下出血や硬膜動静脈瘤	いままで経験しなかったような、激しい頭痛が急激に起きる。吐き気や嘔吐を訴えることがある
脳出血	高齢者で起こる頭痛では、これを疑う。吐き気や嘔吐、時にてんかんに似た発作も合併することがある
髄膜炎	頭痛と高い熱が特徴。首の後ろの筋肉が硬くなったり、反射が亢進する。頭を動かすと頭痛がひどくなる
外傷による頭痛	転んで頭を打ったりして、いつまでも頭痛が続いたり、頭が重かったりしたら要注意
脳腫瘍	持続性の頭痛が特徴。緊急を要することはないが、検査が必要

とえばアイスクリームなどで頭痛を起こす人もいます。

アルコールによる頭痛

まず、アルコールを分解する酵素が先天的に欠如している人では、少量のアルコールでも頭痛を生じます。アルコール（エチルアルコール）は肝臓の中でアルコール脱水素酵素（ADH：ADHにはADH_1、ADH_2、ADH_3の3種類があり、日本人にはADH_2が多い）によってアセトアルデヒドになります。これがさらにアセトアルデヒド脱水素酵素（ALDH）によって酢酸に分解され、TCAサイクルという糖の分解過程で炭酸ガスと水になって、呼気（肺）と尿に排泄されます。日本人の約4割はアセトアルデヒド脱水素酵素Ⅱの活性が欠如しており、そのため少量の飲酒で顔面紅潮や動悸、吐き気などとともに頭痛を起こします。

代謝の途中でできるアセトアルデヒドは毒性が強く、悪酔いや二日酔いの原因になります。アセトアルデヒド脱水素酵素（ALDH）がない、あるいは少ない人は、この中間代謝物質がそのまま体内にとどまるか、長く溜まることになり、アルコール頭痛などを引き起こすことになります。また、ADHの活性が低い人はアルコールがアセトアルデヒドに分解されずに、アルコールのまま血液や脳にとどまっているので、アルコールによる酔いがいつまでも続くことになります。このような人がアルコールを飲むと、ふつうの人の約2倍、脳梗塞になりやすいことが知られています。ADHもALDHも、高齢者ほど活性が低下する（働きが鈍る）ことがわかっています。一方、アルコール耐性といって、脳神経細胞はある程度アルコールに対して強くなります。そこで、2つの酵素活性とアルコール耐性の両者はお互いに反対に作用します。しかしアルコール耐性には限度があり、酵素活性の低下のほうが強く表にでてきますので、一般的に年をとればとるほどアルコールに弱くなってきます。

アルコール頭痛を予防するには、もちろん多量の飲酒を避けることですが、飲酒時には水といっしょにゆっくりと薄めながら、時間をかけて飲むことです。食事もいっしょにゆっくり摂ると、アルコールの吸収を遅くします。ただ食事を多く摂り過ぎると、かえって膵臓に負担をかけてしまうので要注意です。アルコールを飲むときは、食事量を控えめにすることが肝要です。

二日酔いのときには水分を多量に飲むことで、アルコールを早く排泄できます。逆に、入浴はアルコールの分解代謝をかえって遅らせることがあります。

COLUMN 1　人種や地域による酒の強さ・弱さの違い

ALDHの遺伝子多型は生まれつきの体質ですが、人種によってその出現率は異なります。AGタイプ（酒に弱いタイプ）やAAタイプ（酒が飲めないタイプ）はモンゴロイドにのみ、それぞれ約45%、約5%認められます。これに対し、白人や黒人、オーストラリア原住民などはすべてGGタイプ（酒に強いタイプ）であるといわれています。地域差も見られ、原田氏(1)によると、酒に強いタイプの遺伝子をもった人は、秋田県にもっとも多く（77%）、次に岩手県、鹿児島県（71%）だそうです。強いタイプは中部、近畿、北陸で少なく、東西に向かうにつれて増加し、九州と東北で多くなる傾向があったようです。強いタイプがもっとも少なかったのは三重県で（40%）、次に少なかったのは愛知県（41%）だったようです。

GGタイプの人はアセトアルデヒドが早く分解されますが、アルコールそのものは脳に直接移行しますので、アルコール酔いは生じるわけです。酔いはアセトアルデヒド脱水素酵素（ALDH）の活性とは直接関係しません。この

1　原田勝二『アルコール依存症と関連するADHとALDH』（2002年、分子精神医学）2:15-23より

GGタイプがアルコール依存症になる確率は、次のAGタイプの約6倍であるといわれています。日本ではアルコール依存症の9割近くがGGタイプのようです。

AGタイプの人は、毒性の高いアセトアルデヒドを分解する能力が弱いため、アセトアルデヒドの影響を長時間受け続けることになります。だいたいこの物資がアルコール頭痛の原因です。また、飲酒にともなう各種の病気になりやすくもしています。疫学調査によって、同じ量の飲酒を継続した場合に、AGタイプでは咽頭がんや大腸がんなどの飲酒習慣と関連すると考えられている疾患になりやすくなることが知られています。同じ量を飲んだ場合、AGタイプの人がアルコール性のがんを発症するリスクは、GGタイプの1.6倍といわれています。AGタイプがアルコール依存症になる率は低いのですが、同じ量の飲酒を継続した場合、やはりGGタイプよりも短期間でアルコール依存症になることも知られています。ですからアルコールに弱い人が無理に飲酒を続けることは、よくないことになります。

AAタイプはアルコールが飲めない下戸(げこ)ですから、飲酒は厳禁です。最近の研究によると、ALDHのタイプだけではなくアルコール脱水素酵素（ADH）のタイプでも、アルコール依存症や各種アルコール性疾患が発症する確率が変わってくることがわかってきました。遺伝的に、$ALDH_2$欠損型とADH_1B低活性型がもっとも酒に弱い組み合わせであり、日本人の2～3%がこのタイプであるといわれています。アルコールの分解速度には年齢差もあり、高齢者ほど分解の速度は減少することがわかっています。

過度な飲酒は健康に害があることはよく知られていますが、アルコール分解酵素のある人ならば、一日にワイングラス2杯程度までは健康によいこと、また最近は認知症の予防的効果もあることが示唆されています（1）。

1 Sabia S et al: Alcohol consumption and risk of dementia: 23 year follow-up of Whitehall II cohort study. BMJ. 2018;362:k2927..

COLUMN 2 受動喫煙症と頭痛

受動喫煙症とは、受動喫煙により起きる、日本禁煙学会や禁煙推進医師歯科医師連盟受動喫煙診断基準委員会によって提唱されている病名です。

タバコの煙に曝露（ばくろ）されて（さらされて）目が痛い、しみるなどの刺激症状、喉が痛い、せき込む、ぜんそくなどの呼吸器の症状、頭痛などの脳血管の刺激症状が起きます。これを急性受動喫煙症といいます。受動喫煙がなくなると症状が消え、受動喫煙がない場合には発症せず、タバコの煙以外の有害物質による曝露がない場合、急性受動喫煙症の可能性が高くなります。これを繰り返すうちに再発性急性受動喫煙症となり、これが進行すると、慢性受動喫煙症を発症するとされます。

慢性受動喫煙症には、病気の種類として、化学物質過敏症やアトピー性皮膚炎、気管支ぜんそくまたはその悪化、狭心症、心筋梗塞、脳梗塞、慢性閉塞性呼吸器障害（COPD）、小児の肺炎、中耳炎、気管支炎、副鼻腔炎、身体的発育障害などがあります。

慢性受動喫煙症の診断基準は、非喫煙者が週に1時間以上繰り返し避けられない受動喫煙があり、24時間以内に測定した尿からコチニン（ニコチンを分解したときにでる物質）が検出されることです。ただ、1日に数分でも連日に渡って避けられない受動喫煙がある場合には、これに起因するほかの慢性の症状が起きる可能性がありますので、1日に1時間以内のタバコの煙の曝露で、状況を見て総合的に判断し、受動喫煙症と判断してもよいとされています。

さらに、慢性受動喫煙症と重なるように発病する、重症受動喫煙症があります。その症状として現れるのは、肺がんや子宮がん、白血病、副鼻腔がん、虚血性心疾患、乳幼児突然死症候群、慢性閉塞性呼吸器疾患、脳梗塞、心筋梗塞などです。

顔はなぜ痛くなるのか?
——さまざまな顔面の痛み

頭痛が顔面に波及することで、顔に痛みがくることがあります。

顔の痛みで多いのは、三叉神経痛と帯状疱疹あるいは帯状疱疹後神経痛などです。ただ、顔面には目や鼻、口、耳、歯、口腔、咽頭、唾液腺、顎関節、骨などがあるので、疾患の原因については、それぞれの専門医間の連携による診断治療が必須です。

三叉神経痛

食事や洗顔、歯みがきなどをしたときに、キリッと響くようなきわめて強い電撃痛が、顔の半分に走る病気です。ひどい場合には、洗顔や歯みがきができなくなり、衛生面での問題が生じます。また食事ができないため、栄養障害が生じる場合もあります。

三叉神経は脳神経(脊髄を介さず脳から直接体表にでる神経)12対のうち5番目の神経で、その名のとおり顔の額の部分と上唇から目にかけての部分、下唇から顎にかけての部分に分けて、3つの神経の枝があり、主として知覚を支配します。3番目の下顎神経には顔面神経からの運動神経も一部混ざります(図3-6)。

三叉神経は脳神経のなかでも特殊で、脳神経といってもその痛みを伝える神経の中継核は、脊髄の上のほうにあります(三叉神経脊髄路核という)。三叉神経痛の原因は多くの場合、脳の奥のほうで神経がでるところで、動脈硬化などにより蛇行した血管が機械的に刺激して起こるとされています。腫瘍やそのほかの病変が神経を圧迫して起こることもあります。また、三叉神経痛の一部は多発性硬化症など神経が変性する疾患でも起こることがあります。

治療としては、薬物療法や神経ブロック療法、手術療法などがあります。薬物療法としては、「カルバマアゼピン（テグレトール）」や「フェニトイン（アレビアチン）」などの抗けいれん薬や、「クロナゼパン（リボトリール）」などの発作予防薬を用います。多量に使うと、薬剤の副作用であるふらつきなどがでてしまうので、専門医との相談が必要です。

ペインクリニックでは、主として神経ブロック療法を行います。麻酔薬あるいは神経破壊薬、熱などで一時的あるいは長期に活動を鈍くする方法です。年齢や痛みの程度などを考慮して、患者さんと相談して行います。手術療法と比較して、利点はなんといっても侵襲（しんしゅう）（身体への悪影響）が少ないことです。欠点は、痛みが数カ月後に再発する可能性があることです。また、3番目の分枝

図3-6：三叉神経とその3つの枝、眼神経、上顎神経、下顎神経

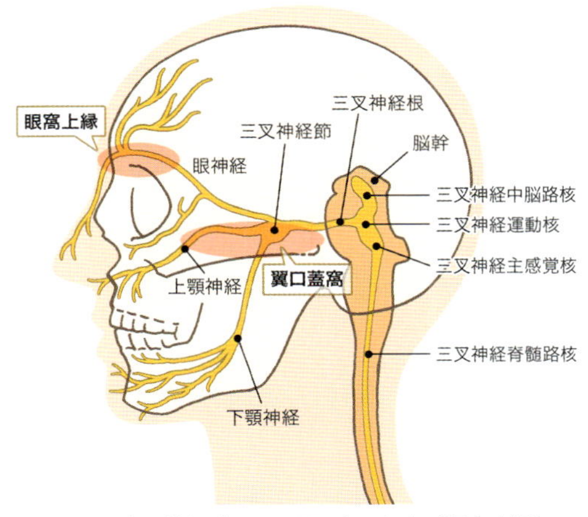

眼神経の枝である眼窩上神経ブロックは目の上のくぼみ（眼窩上縁）で、上顎神経は針を進めて上顎骨の翼口蓋窩という部分の前で上顎神経、後ろで下顎神経をブロックする

神経である下顎神経は舌の前3分の2の味覚を支配していること、下顎の筋肉（咬筋）の運動をつかさどる顔面神経も混じっているので、ブロック療法を選ぶときは注意が必要です。

手術療法としては、開頭術により圧迫している血管を解除してやることです。この手術はピッツバーグ大学のジャネッタ教授が世界で最初にはじめた手術です。日本では福島孝徳先生が、多く手がけています。侵襲がありますので、年齢や痛みの程度、再発などを考慮して患者さんにすすめることもあります。

最近は「ガンマーナイフ」といって、放射線を虫眼鏡のように焦点に集めてビームにして照射する方法が、カロリンスカ大学脳神経外科のレクセル教授によって開発されました。高齢者など手術リスクが高い場合、ガンマーナイフでビームを三叉神経の根元に照射することによって、ブロックと同等またはそれ以上の効果で、痛みを伝える神経をブロックするという治療も可能です。初期効果は約80％で、痛みが消失または軽減され、長期的には約60％で痛みが抑えられています。保険診療の適用外で高額であることと、高量の放射線を照射する点が短所といえます。

顔面の帯状疱疹および帯状疱疹後神経痛

顔面の知覚神経、すなわち三叉神経の領域に帯状疱疹ができ、その部分が痛みます。高齢者に多く、おもに眼神経領域にできます。この部分に帯状疱疹ができたときは特に注意が必要です。髄膜炎、脳炎に至る恐れもあるからです。目の中にできると角膜炎や結膜炎を併発し、失明に至ることもあります。また、まれに歯槽骨が死んだり（壊死）、歯が脱落する場合があります。耳の中にできると、耳鳴りやめまいなどの後遺症を残すこともあります。顔面筋の運動をつかさどる顔面神経にできると、顔面神経まひ（ラムゼイ・ハント症候群）に至ることがあります。

治療としては、早めに抗ウイルス薬を投与し神経ブロックで痛みを緩和すると同時に、その部分の血流をよくすることが必要です。また、「イミプラミン（トフラニール）」という抗うつ薬が必要なこともあります。帯状疱疹および帯状疱疹後神経痛、またこれらの治療のことについてくわしくは、「背中の痛み」のところで述べます（P.107「帯状疱疹と帯状疱疹後神経痛」参照）。

非定型性顔面痛（持続性特発性顔面痛）

発症がよく見られる部位は上顎（じょうがく）神経領域で中年女性に多く、鼻や歯の病気と間違えられることがあります。原因は不明です。三叉神経痛と異なり、痛みが持続性、または変動的で痛みがそれほど激烈ではありません。治療として、神経ブロックのほかに「アミトリプチリン」「ガバペンチン」「カプサイシン」などの薬物療法や、ハリ、温熱療法などが有効なことがあります。

症例

非定形性顔面痛からきたうつ病

28歳・女性、事務職

数カ月前より左顔面の痛みを訴え、種々の鎮痛剤を内服しましたが痛みが止まらず、内科でいろいろ検査を受けたものの、特に異常は発見されませんでした。鎮痛剤を処方されましたが効果はなく、当ペインクリニックを受診されました。診ると患者さんはゆううつな顔をしています（うつ顔貌（がんぼう））。触診では特に神経症状はなく、バイタルサイン（全身の呼吸や心音、体温など）も特に異常はありません。若い女性に多い上顎洞炎（じょうがくどうえん）もないようです。ただ、左顔面の皮膚温が右に比べてやや低いことがわかりました。痛みの性質が三叉神経痛とは明らかに違います。生活のことや仕事のことを聞いてみると、仕事の問題は特になく、数週間後、婚約中の相手と結婚する予定だといいます。非定型性顔面痛を疑い、翼口蓋神経節（よくこうがいしんけいせつ）（翼口蓋窩（よくこうがいか）という、鼻と口の間の骨のくぼみにあり、自律神経の節）のテストブロックを行いました（図3-7）。すると痛みは消失し、左顔面の皮膚の温度も温かくなりました。その後抗うつ薬を処方しながら、1週間ごとに同ブロックを行いました。すると、次第に症状が治まってきました。しかし、3週間ほど経って急に来診しなくなったので、心配になり家族に電話で様子をお聞きしました。家族から、数日前に精神病院に入院したものの、その翌日、窓から飛び降り自殺したと聞かされました。

非定形性顔面痛の原因は明らかでありません。しかし、この患者さんの場合、あまり気の進まない結婚を前にした焦りや緊張、ゆううつなどが重なり合って生じたと考えられます。家族とのコミュニケーションや精神科の医師の対応、また精神科の医師とのコミュニケーションの欠如など、いろいろと反省すべき点がありました。かえすがえす残念で、いまだに私の心を重くしている症例です。

図3-7：翼口蓋神経節ブロック

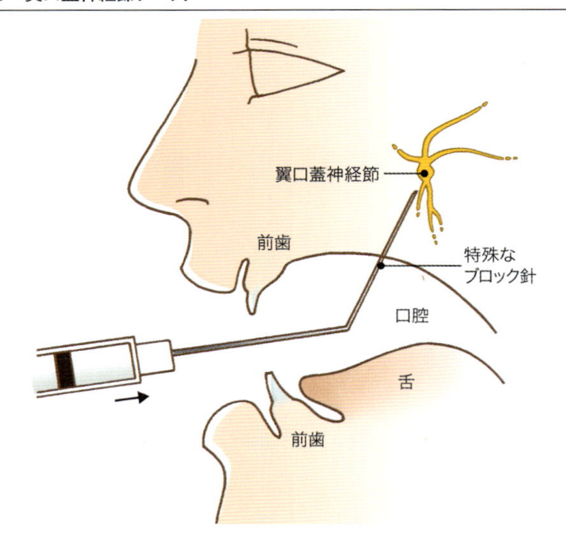

舌咽神経痛

喉や扁桃（へんとう）、舌、唾液腺を支配している第九脳神経（舌咽神経（ぜついん））の原因不明の機能不全により、喉の奥や舌の後ろに激痛発作が繰り返し起こる病気です。まれな病気で、通常は40歳を過ぎてから発症し、男性に多く起こります。三叉神経痛に似て、発作の時間は短く数秒～数分で間欠的ですが、耐えがたい痛みが起こります。ものを噛む、飲み込む、せき、くしゃみなどの運動によって発作が誘発されます。痛みは喉の奥や舌の後ろからはじまって、耳にまで広がることがあります。脳梗塞や脳腫瘍、脳動脈瘤、脳血管疾患が潜んでいることもあるので、専門医による検査が必要です。舌咽神経痛は、三叉神経痛を合併したり、迷走神経症状（徐脈、失神発作）をともなうこともあります。

発作に対しては、三叉神経痛と同様に「カルバマアゼピン（テグレトール）」の効果が認められています。痛みの原因が上記の原因でない場合や痛みが強い場合は、舌咽神経ブロックを行います。

翼口蓋神経痛（スルーダー症候群）

翼口蓋神経節は鼻の奥にある神経節で、局所麻酔薬をその神経節に投与すると翼口蓋神経痛が改善することを、スルーダーが1908年に報告して以来、知られるようになりました。いろいろ説はありますが、原因は不明です。30歳以上の女性に多く、鼻閉や鼻汁、涙などをともなう鼻根部付近の痛みが、10～30分続く発作があります。群発頭痛との鑑別が困難な症例もあります。曲がった特殊な針で翼口蓋神経節をブロックする方法に効果があります（図3-7）。

前に挙げた非定形性顔面痛の症例では、このような鼻や目の症状はありませんでした。

● **副鼻腔炎または腫瘍：**鼻の周辺の顔面に、鈍い痛みが持続する場合はこれらの病気を疑います。痛みが持続するようなときは、耳鼻科などの専門医に相談すべきです。

●**顎関節の異常による痛み**：口を動かすと顎が痛いときは、種々の原因が考えられます。たとえば顎関節症や顎関節亜脱臼、骨折、関節炎、腫瘍などです。耳鼻科や歯科医を訪ねてください。

●**歯の疾患が原因で起こる顔面痛**：虫歯や歯周病、口腔内膿瘍、抜歯後の局所性複合性疼痛症候群などです。歯科またはペインクリニックに相談してください。

●**耳鼻科的疾患や眼科的疾患による顔面痛**：いろいろな疾患が考えられます。まず、それぞれの専門医を訪ねてください。

心因性顔面痛

うつ病やヒステリーなどが原因で、顔面痛が生じることがあります。また、これらの疾患が背景になって、顔面の痛みを増強していることがあります。治療には専門医間の連携が必須です。

そのほか顔面痛を起こす疾患として、脳梗塞や唾石症（だせきしょう）（唾液腺の導出管に石灰が溜まる病気）などがあります。

首はなぜ痛くなるのか？ ——さまざまな頚部の痛み

首は、神経系では脳と脊髄を支え、身体各部分の末梢神経系の中継的な役割を果たしています。骨格系では、首は頚椎とその周囲の筋肉で頭を支え、また頭の位置や運動にたずさわるという、力学的に重要な働きをしています。

二足歩行をするまでに進化した人が、ほかの哺乳類と大きく違うのは、極端に発達した脳です。それを入れる頭蓋骨も大きく、したがってその全体の重量も重いことです。ところがその重さを支えなければならないのに、人の首の構造はそれほど発達していません。人はその進化の過程で、首はまだ十分に理想的な支持組織になっていません。もっと進化したときには、首に痛みはそれほど多くなくなっているでしょう。

構造的にはまず脳からでてきた脊髄が、頭蓋骨の下の穴から頚椎の中を通って下がっていきます（図3-8）。7つの骨から成り立っている頚骨は頭蓋骨を支えると同時に、お互いに関節突起でつながっており、首が左右・前後に回転が可能なようにうまくできています（P.70の写真3-9参照）。首の運動のためには、頚骨に

図3-8：人の頚椎と脊髄

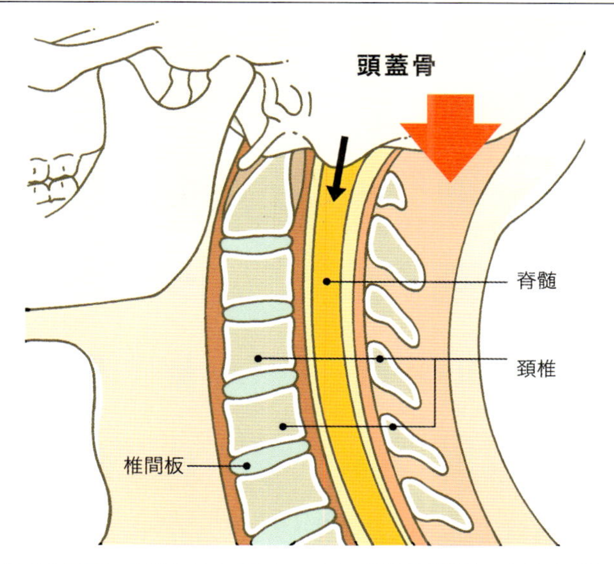

脊髄は頭蓋骨の下の孔（大後頭孔）からでて、脊椎骨（頚椎）に守られながら下向していく。人は2本足歩行をするようになって、手を自由に使えるようになった反面、頚椎や脊髄は頭蓋の重さに耐えなければならなくなった

写真3-9：人の頚椎と頚髄

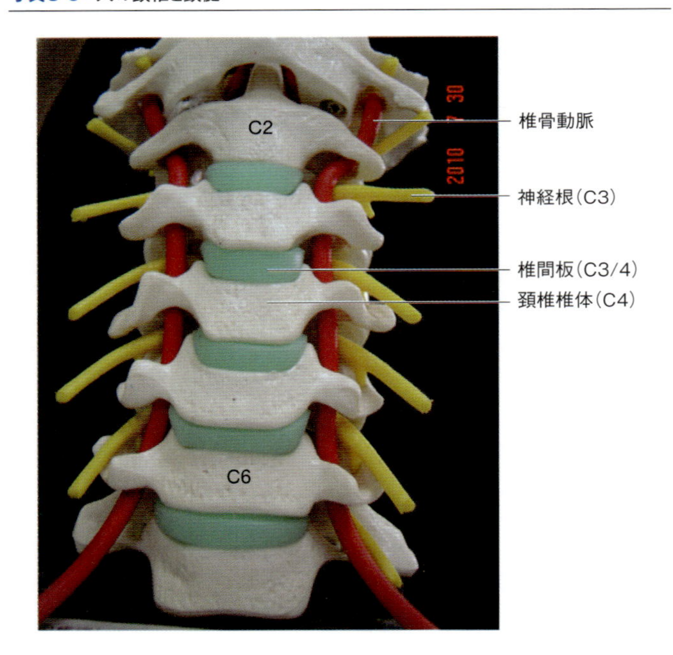

ついている靱帯や筋肉が必要です。また、首の筋肉の動きを命令する神経が、頚骨の横穴（椎間口）からでています。

首の痛みは人類共通の悩みです。それは、このような構造上の進化の過程で、かなり大きな脳を支えるのに十分な構築がなされていないことによると考えられます。特に最近、パソコンやゲーム機などの普及によって、その無理が加速されています。つまり現代の人は、仕事や遊びで解剖学的な構造とその機能を、かなり超えたことをしていると考えられます。

無理な姿勢や長時間同じ姿勢による首の痛み（首の姿勢痛）

首の痛みの原因が病気に関係しているのは、約1割です。ほかの8〜9割は、特に病気などが見られない、心配のないものです。これら首の痛みを総称して頚肩腕症候群（けいけんわん）と呼んでいます。

最大の原因は、長時間同じ姿勢を続けることです。首や肩の筋肉が疲労したり、緊張して血行が悪くなったりして痛みを引き起こし、少しひどくなると炎症を起こすためです。

通常は体操などで改善されますが、痛みが続く場合などは、痛みをやわらげる治療が必要です。治療には、消炎鎮痛薬や筋肉をほぐす筋弛緩薬などを使います。ただし、これらの治療は首の痛みの原因を根本から治すものではありません。

前に述べたように、人の首の骨や筋肉は、頭の重さを支えるための負担がかかりがちなので、首の筋肉を鍛えることにより、骨の負担を減らし、加齢による骨の変形の予防や、痛みを軽減できます。

痛みがひどい場合は、ペインクリニックによる神経ブロックなどの治療が必要かもしれません。痛みがなかなか取れない場合は、専門医を訪ねることをすすめます。またパソコンの前で長時間仕事をする人や、長時間同じ姿勢で仕事をする人などは、予防的に首の筋肉のトレーニングをするのもよいと思います。

寝違い（姿勢痛の一種）

寝違いによる首の痛みは、睡眠時に首が長時間無理な位置で維持されたとき起こります。おもに横向きに寝ると起こります。その原因としては、①枕が体型に合わない、②寝相の問題、たとえば腕を下にして寝た場合、うつ伏せで寝た場合、などがあります。また、③睡眠不足が続いたために、リバウンドとして長時間同じ首の姿勢になってしまう場合や、アルコール、睡眠薬の摂り過ぎでも起こりえます。

同じ位置で首が長時間維持されると、伸展された部分の筋肉は軽い炎症が起こります。炎症が起こった筋肉の痛みの受容体から図3-10のように脊髄に刺激情報を発します。すると反射性に筋肉は収縮します。収縮すると痛みの受容体はますます刺激され、ここに悪循環が生じ、寝違いが起こると考えられます（図3-11）。

したがって、まず枕の高さややわらかさが自分に合っているかどうか、睡眠時の姿勢、生活習慣などを改善することです。たん

図3-10：長時間同じ姿勢をとることによって起こる筋肉痛

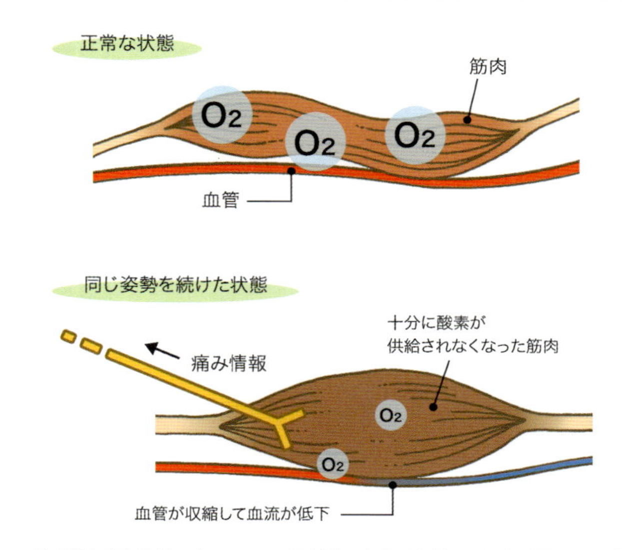

長時間無理な姿勢で寝ていると、反射的に血管が収縮して血流が悪くなり、筋肉に十分な酸素が運ばれなくなって、筋肉に乳酸やほかの代謝物質が溜まってくる

なる寝違いであればそのまま安静にしているか、消炎鎮痛薬を内服すれば、約2週間以内に治まります。それでも痛みが2週間以上続いたり、寝違いを繰り返したりするようでしたら、頚椎になんらかの異常が起きている可能性がありますので、専門医（整形外科やペインクリニックなど）を訪ねる必要があります。

首の姿勢や緊張による痛みや、次に述べる寝違いによる痛みを予防する方法の1つとして、首の筋肉を鍛える運動があります。

図3-11：寝違いを起こしやすい寝相

・枕がないため頚椎が曲がっている

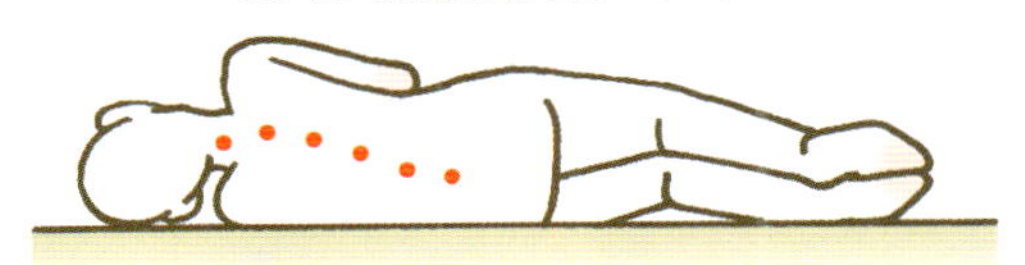

・枕が高すぎて頚椎に負担がかかる

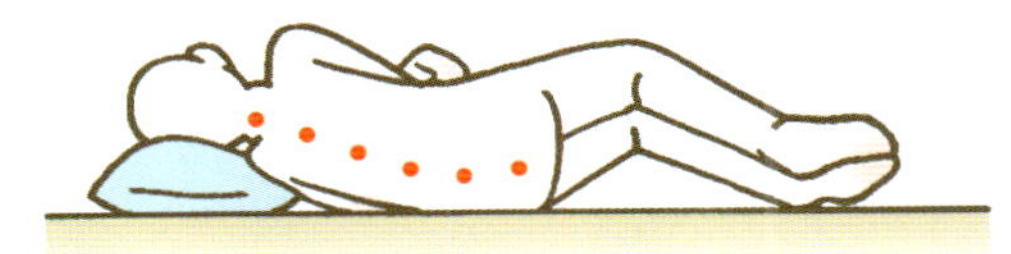

・腕を組むと肩と上腕の血流が悪くなる

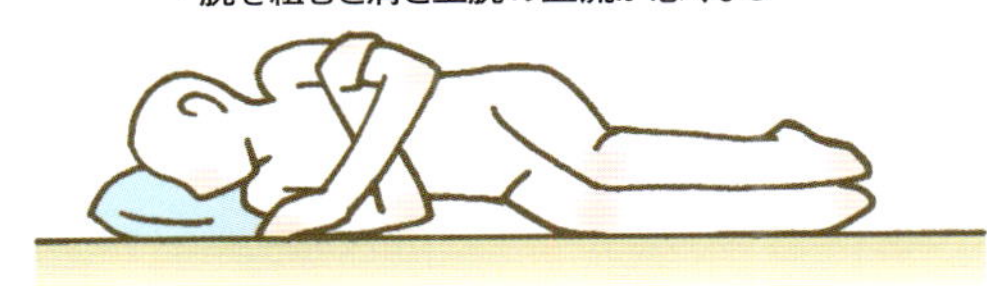

首を動かさず首の筋肉を収縮させ、それを何回か繰り返すことです。たとえば、①ベッドにあお向けになり、枕を取り去り、1分程度そのままの姿勢をとったり、②頭に少し力を入れて枕を押したり、あるいは③手を組んで後頭部に当て、手で頭を前に押すこともよいと思いますが、その際、頭を左右に45度ほどゆっくり回転すると、首の筋肉の全部の運動になります。座っていて喉に力を入れるだけでも首の筋肉の運動になります。

攣縮性斜頸（頸部ジストニー）

頸部の筋肉が不随意的に収縮して、頭の位置が偏っている病気です（図3-12）。壮年期に発症し、海外では女性、わが国では男性に多く見られます。精神緊張や歩行で増悪し、安静な臥位で軽快する例が多く見られます。一部、職業上の特殊な姿勢と関連することがあります。姿勢などを保つうえで、大切な機能を担っている脳の基底核という部分の障害と推定されています。身体のひねり・横への曲がり（側屈）・前や後ろへの屈曲（前後屈）のほか、振顫（ふるえ）・肩挙上（いかり肩）・側彎（脊椎の横への曲がり）・体軸捻転（身体の軸がねじれていること）などを示す例もあります。

また、多くの例で頸部の痛みを認めます。内服薬（抗コリン薬など）のほか、ボツリヌス毒素の筋肉内注射やハリ治療、定位脳手術、選択的に筋肉からの知覚神経を遮断する手術、神経ブロック療法、脊髄電気刺激療法などが試みられています。若い年代の発症では、1年以内では自然に寛解する例がありますが、後年再発する例が多いといわれます。かつては痙性斜頸と呼ばれていました。

頸椎椎間板ヘルニア

前に述べたように、ちょっとした外力に対し、重い頭と胸部の間にねじれが起こります。そのねじれの力は、1つひとつの頸椎のクッションともいうべき頚椎椎間板にずれを生じます。椎間板は中心のゼリー状の髄核と、その周辺の線維輪でできています。首に無理な外力が加わると、そのゼリー状の髄核が脊髄の通っている脊柱管内に飛びだした状態になります（P.76の**写真3-13**）。

その結果、椎体からはみだした椎間板（ついかんばん）が脊髄（頚髄）を圧迫したり、椎間口からでている神経根を圧迫します。これが頚椎椎間板ヘルニアです。頚椎は7つありますが、そのなかで外力をもっとも

図3-12：攣縮性斜頚（頚部ジストニー）

いろいろなタイプがあり、首が回転するもの（左上）、横に傾斜するもの（右上）、前屈するもの（左下）、後屈するもの（右下）などがある

受けやすいのが5、6、7番目の頚椎椎間板です。神経根が圧迫されると、首だけではなく手に痛みやしびれ、ひどくなると運動まひが起きます。大部分では痛みやしびれは片方に起こります。さらにひどくなると、首から下の運動まひも起こることもあります。

症状やレントゲン検査でも診断できますが、正確な診断はMRI（磁気共鳴画像）で行います。

治療は、まずヘルニアが進まないように、保存的に頚椎カラー固定を行います。急性期で痛みが強い場合は、消炎鎮痛薬の内

写真3-13：頚椎椎間板ヘルニアのMRI（磁気共鳴画像）

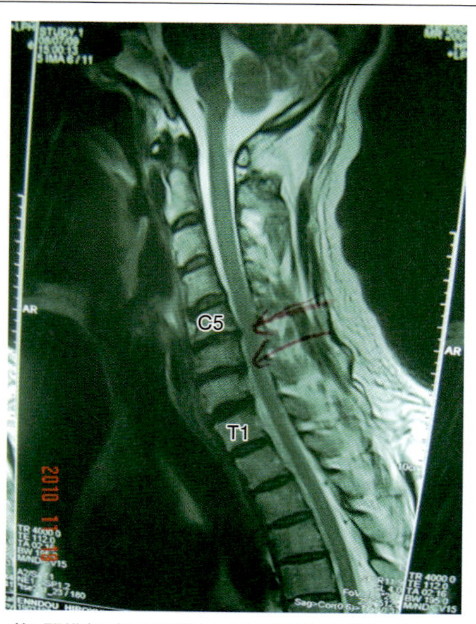

第5頚椎（C5）と第6頚椎の間の椎間板が脊髄の通っている管（脊柱管）に飛びだしているため、脊髄が前のほうから圧迫されている

服や、硬膜外に低濃度局所麻酔薬やステロイドの注入を行います（頚部硬膜外ブロックという）。次に、頚椎を牽引してヘルニアの神経根圧迫症状を軽減します。これらの治療法に反応しない場合は、侵襲の少ない外科的方法、たとえば経皮的髄核摘出術やレーザーによる椎間板形成術などがあります。それでも症状が改善されないときは、手術によって椎間板摘出術を行います。また頚椎による圧迫症状を取る目的で、椎弓（ついきゅう）切除術やさらに頚椎が外力に弱くならないように、骨を植えて固定する頚椎固定術などがあります。

むち打ち損傷

自動車の衝突事故が原因であることがもっとも多く、事故のとき頚椎は、後ろへの過伸展（かしんてん）、それに続く前への過屈曲の状態となります。これが「むち打ち（whiplash）」にたとえられたものです（P.78の図3-14参照）。頚椎捻挫や頚部捻挫、頚部挫傷、外傷性頚部症候群など、さまざまな診断名が使われています。頚椎の過伸展や過屈曲、あるいは回旋強制（首の回し過ぎ）などの強い外力によって、頚椎椎間板や椎間関節、関節包（関節を包んで保護している二重膜）、周囲の靭帯、筋肉、神経などの軟部組織が損傷を起こし、頚部の痛みを主症状とする病態です。

そのうち、めまいや耳鳴り、目のちらつき、かすみ、眼精疲労、頭重（ずおも）感、倦怠感、吐き気など、外傷によって頚部交感神経節が刺激状態の症状がでる場合を、特にバレ・リュー症候群と呼んでいます。この症候群のなかに、脳脊髄液が一部もれて起こる低髄液圧症候群があることがわかってきましたので、その検査も必要です。

治療の初期は安静をはかり、痛みに対しては消炎鎮痛薬を投与します。痛みが強い場合や、自律神経症状がでているときは、

図3-14：むち打ち損傷

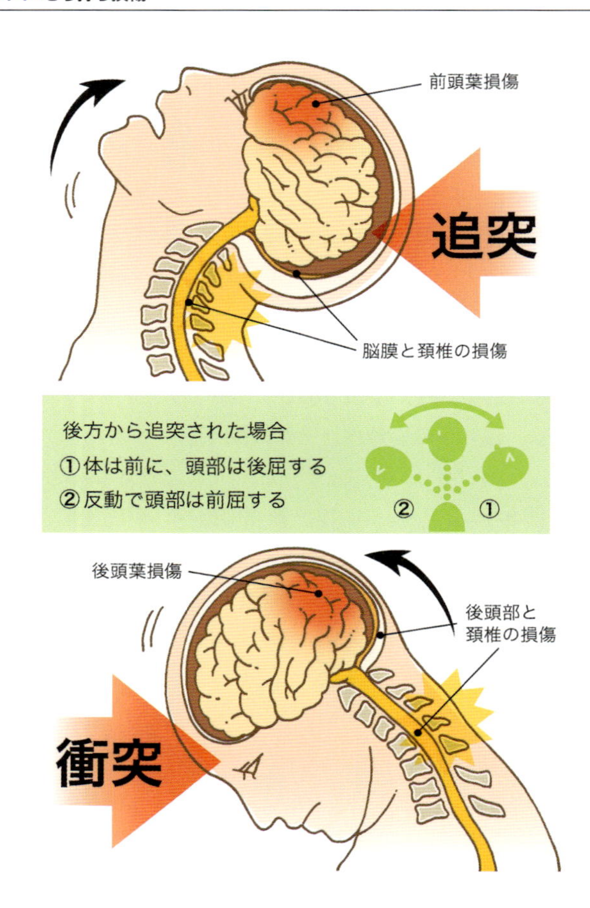

車の運転中に後ろから追突されると、頚椎や脊髄が後ろに過伸展されるだけでなく、脳（特に前頭葉）に外力が加わり脳損傷を起こすことがある。逆に運転中の車が前方の物体に衝突すると、頚椎や頚髄のみならず、後頭部の筋肉や靭帯、脳（特に後頭葉）が損傷することがある

星状神経節ブロックや頚部硬膜外ブロックを行います。

精神的ショックが強い場合は、精神安定剤が必要です。また加害者がいる場合は、その支援も必要です。痛みや自律神経症状が慢性的に持続することが多いので、精神的な保護が必要です。

頚部脊髄症（頚髄症）

頚部の脊髄の運動や、感覚を伝える伝導路が障害されて、手や足に神経障害を起こす頚部脊髄疾患の総称です。原因となる病気は、変形性頚椎症や椎間板ヘルニア、後縦靭帯骨化症、黄色靭帯石灰化、脊椎腫瘍、脊髄腫瘍、化膿性脊椎炎、硬膜外膿瘍、

写真3-15： 頚部脊柱管狭窄症のMRI（正中矢状面）

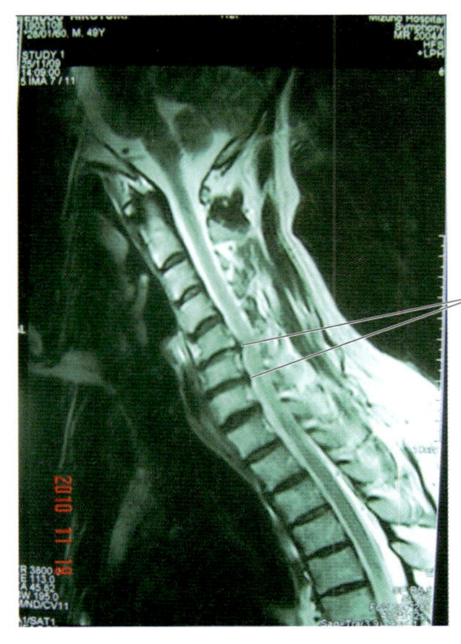

脊柱管が狭窄して
脊髄がくびれている

両手の痛みとしびれのある65歳・男性患者の例。椎間板が変性して（薄くなって）脊柱管に飛びだしている。そのために脊柱管が狭窄を起こしている

関節リウマチ、奇形などです。脊髄内の出血や、梗塞などの脊髄の血管障害も原因となります。またウイルスや細菌による感染症、免疫異常による脊髄炎も含まれます。そのほか、脊髄空洞症や放射線障害などもあります。このなかでもっとも多いのは、頚部(けいぶ)脊柱管狭窄(せきちゅうかんきょうさく)(P.79の**写真3-15**参照)や頚椎変形症、頚椎椎間板ヘルニア、後縦靭帯骨化症などです。原因が圧迫による頚髄症の場合は、圧迫を取るような種々の治療が行われています。日常生活に支障をきたす場合は、前方除圧固定術や脊柱管拡大術などの手術療法が行われます(脊椎管狭窄症は、通常MRIやCTなどで計測された脊柱管前後径が12〜13ミリ以下のものを呼んでいます)。

図3-16：骨や椎間板が神経を圧迫すると、どうして痛いのか?

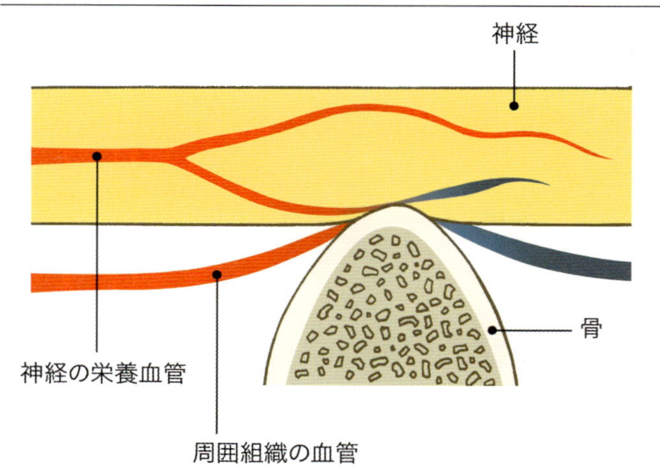

①骨が痛みを伝える神経を直接刺激して痛みを起こす、②神経の栄養をつかさどっている血管を閉塞して神経の栄養を障害するから痛くなる、③骨や椎間板が周囲の血管を圧迫して、周囲の組織の虚血を生じるので痛くなる、④ ①〜③すべてが関与している、などが考えられる。しかしまだはっきりわかっていない

椎間板ヘルニアや脊柱管狭窄があるとなぜ痛いのかについては、実はよくわかっていないのです。図3-16のように骨が①直接痛みの神経を刺激して痛いのか、②太い神経を傷つけたため、細い神経である痛みの神経が過興奮するのか、③神経の栄養をつかさどる血管を圧迫するため、神経が虚血障害を起こして痛みが起こるのか、④突きでた骨や椎間板が周囲の組織の血流をじゃまするから痛みがでるのか、はっきりしていません。

低濃度の局所麻酔を用いる神経ブロック療法では、①と②に対しては、刺激されている痛みの神経をブロックして痛みの神経伝導を抑え、③に対して、細い交感神経の節後神経をブロックして血管を広げて血流を増やすことで神経の栄養をよくし、④組織の血管をも広げて血流を増やすことが目的です。低濃度局所麻酔を用いるので、運動神経や姿勢を保持する働きをする太い知覚神経には影響をおよぼさないようにします。この方法を選択的神経ブロックと呼んでいます。ブロック療法を繰り返すことによって、血流改善による自己回復力を期待して行います。

線維筋痛症および硬直性脊椎炎による首と背部痛

34歳・男性

約3年前より、頚部からはじまり全身の痛みを感じるようになりました。抗炎症鎮痛剤やステロイドの投与を受けていましたが、鎮痛効果は十分でなく、数カ月前から「オキシコドン」(麻薬) を毎日30ミリグラム内服しています。また睡眠時の痛みも強く、種々の睡眠薬でも痛みのため睡眠障害が続いています。神経内科より紹介され、当科を受診されました。疼痛部位は頚部から後頭部がもっとも強いとのことです。頚部硬膜外ブロックにて数日は痛みが緩和されましたが、そのあとは痛みがもとに戻ります。次第に効果が長く続くか、あるいは次第に痛みが緩和されてくることを期待して、12回の頸部硬膜外ブロックを行いました。そこで今後の患者さんの予後を考え、頸髄第４レベルで硬膜外通電のテストを行いました。すると疼痛の自己評価が、通電前8.5より通電中2.0と軽快しました。そこで電極を硬膜外腔に植え込み、自分で刺激できるようにしました（写真3-17）。現在、「オキシコドン」の投与を中止し、軽い鎮痛薬「ノイロトロピン」を１日６錠、鎮痛薬で経過観察中です。

写真3-17： 背に筋痛症で全身の痛み、特に後頭部、頸部、背中に痛みを訴える患者のレントゲン像

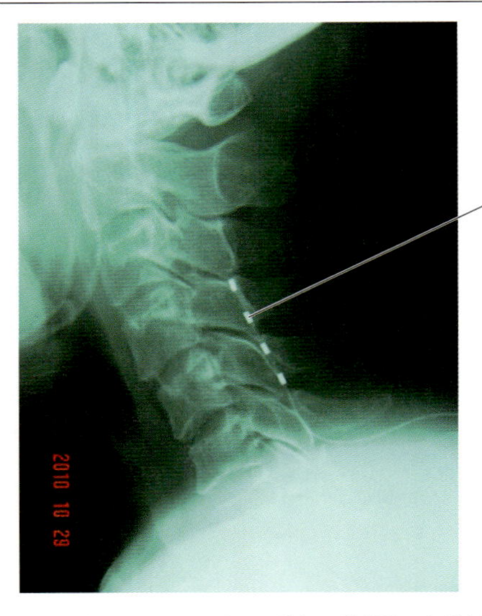

痛みを緩和するために脊髄の後部硬膜外腔に脊髄刺激電極が植え込まれている。患者は皮下に植え込まれた刺激装置を自分で刺激できるようになっている

肩はなぜ痛くなるのか?
——さまざまな肩の痛み

いわゆる日々の生活習慣や姿勢からくる肩こりと、病気が原因で起こる肩の痛みがあります。姿勢や日々の生活習慣からくる痛みの場合は、姿勢や生活習慣を正すことで、痛みをやわらげることができます。

ただ病気が原因の場合、自己判断は禁物です。専門医の指示を受ける必要があります。

首の痛みをともなった症状としては、変形性頸椎症、頸部椎間板ヘルニア、頸椎後縦靭帯骨化症(脊柱靱帯骨化症)など頸椎の病気からくることや、原因のはっきりしない頸肩腕(けいけんわん)症候群、肩関節周囲炎(四十肩・五十肩)、胸郭出口症候群、胸椎の炎症、胸椎の腫瘍などの胸椎の病気、肋膜炎や肺の病気、心臓や血管の病気、喉・鼻・耳など耳鼻科の病気からくることもあります。がんの頸椎転移や肩関節転移によることもあります。あるいはうつ病の一症状として表れる場合もあります。

これらの疾患からくる痛みの場合は、それぞれの専門医による治療が必要です。そのためには早めにその痛みの原因を調べ、それぞれの専門医に紹介するシステムができているかが問われます。

首や肩の痛みに対して、ペインクリニックでしばしば行われる神経ブロックが、頸部硬膜外ブロック(P.51の図3-3参照)と星状神経節ブロック(P.84の図3-18参照)です。頸髄から脊髄を通り首肩腕にまでいく神経をブロックして痛みを抑えて血流をよくし、筋肉の弛緩をはかります。

肩は首の筋肉と続いていますので、首の痛みと肩の痛みは同時にくることがほとんどですが、肩の関節だけにくる痛みとしては、肩関節周囲炎（いわゆる五十肩）がよく見られます。

肩関節周囲炎（四十肩、五十肩）

肩関節は、関節のなかでもっとも運動範囲の広い関節です（図3-19）。したがってまた、関節にかかる負担も大きいことになります。その負担を支えているのが、周囲の組織です。その周りにある組織の変化、炎症などによって、肩に痛みがくる病気です。

肩関節の動きにはおもに4つの筋肉が働いていますが、その筋肉が肩の骨に付着する部分、すなわち腱板（けんばん）の炎症や部分的な断裂、あるいは腱板の上にある肩峰下滑液包（けんほうかかつえきほう）という、肩関節をスムーズ

図3-18：星状神経節ブロック

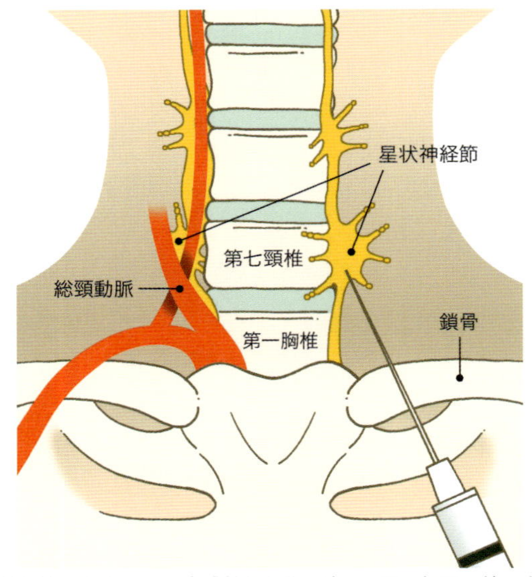

星状神経節は胸髄からでた交感神経細胞の塊で、頭や顔面、首、上肢、胸部の血管や汗腺を支配している。この神経節をブロックすると血管性頭痛が改善され、また支配領域の血流が改善し汗の出が抑えられる

に動かすところの炎症・癒着によって、肩の痛みや肩運動の制限が起きます。

症状として肩を動かすと痛みが起こり、特に背中に腕をまわしたりするときに強く痛みます。腱板に石灰が沈着する場合には、急になんの前ぶれもなく肩に激痛が起こることもあります。また、転んで肩を打ったあとや、重いものをもち上げたときに急に肩が痛み、腕を上げることができなくなった場合には、腱板断裂の可能性が考えられます。軽症の場合は2年以内に治まります。ただ、肩関節亜脱臼やリウマチ、感染などで起こる肩関節炎などと鑑別する必要があります。

治療としては、肩関節周囲炎では肩関節を静かにさせることで

図3-19：肩関節周囲炎

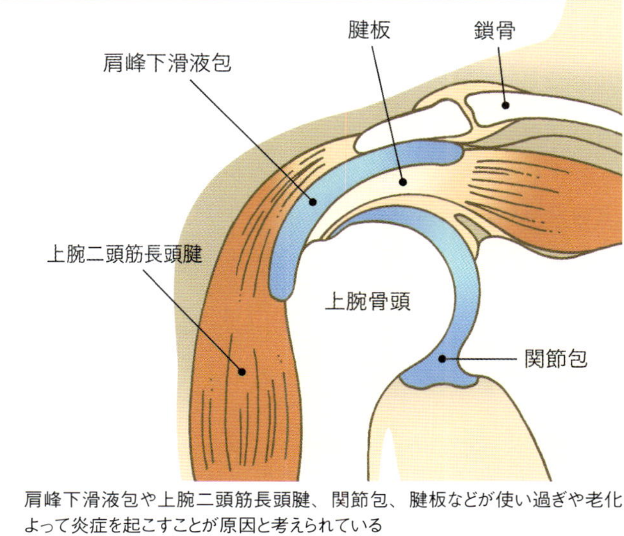

肩峰下滑液包や上腕二頭筋長頭腱、関節包、腱板などが使い過ぎや老化によって炎症を起こすことが原因と考えられている

す。痛みがひどい場合は、三角巾などで固定する必要が生じることもあります。急性期には、痛み止め（消炎鎮痛剤）の投与や関節内にステロイド剤（副腎皮質ホルモン剤）またはヒアルロン酸などの注入を行います。慢性期にはホットパックなどの温熱療法や、肩関節の運動療法に肩甲上神経ブロックなどをうまく協調させて行います。

自分でも軽い肩の運動をする必要がでてきます。その前に神経ブロック注射をしておくと、関節周囲の血流が増え、また痛みを伝える神経活動を抑えるので、運動療法がしやすくなります。重症な場合は関節包内に麻酔薬を注入して、力を使って肩関節の動きを少しずつ広げていく治療法もあります（パンピング療法）。時には関節鏡を用いて、靭帯を切除することもあります。さらに最近は、骨に直接針を刺して減圧する治療法も行われています。

腕や手はなぜ痛くなるのか？ ——さまざまな腕や手の痛み

腕や手の痛みは、手を使うことが人類の特徴であることと関連しています。すなわち、手の使い過ぎからくるいろいろな病気による痛みです。職業やスポーツなどと関連していることが多く見られます。交通機関の発達による外傷などが、原因となる場合もあります。また、全身性の病気の表れとしての手の痛みもあります。たとえば、自己免疫疾患であるリウマチや糖尿病、痛風などの代謝性疾患、心筋梗塞、動脈瘤や動脈硬化や動脈炎、バージャー氏病、脳梗塞などの循環障害からくることもあります。

また忘れてならないのは、腕や手の神経は頚椎からでてくるものが大部分であることです。大部分が頚髄の5番目から胸髄の1番目にかけて脊髄からでる脊髄神経が、腕神経叢という網の目のような構造になって腕や手に伸びています。

治療としては、それぞれの病態にあった薬物療法ですが、それで十分でなければ手術の適応になります。腕や手の痛みに対して中間的な存在が、ペインクリニックにおける治療法です。一般的な方法としては神経ブロックです。その方法や意義については後述しますが、頚部の痛みに対するおもな神経ブロック療法は頚部硬膜外ブロック（P.51の図3-3参照）と星状神経節ブロック（P.84の図3-18参照）です。

関節リウマチ

手首は関節リウマチ病変の好発部位ですが、病変はどの関節にも起こります。痛みの特徴は炎症性で腫れをともない、朝のこわばりも特徴的です。リウマチでは滑膜に炎症が起こりますので、手を動かすと関節が腫れたり痛んだりします。

図3-20：手のリウマチ性関節炎

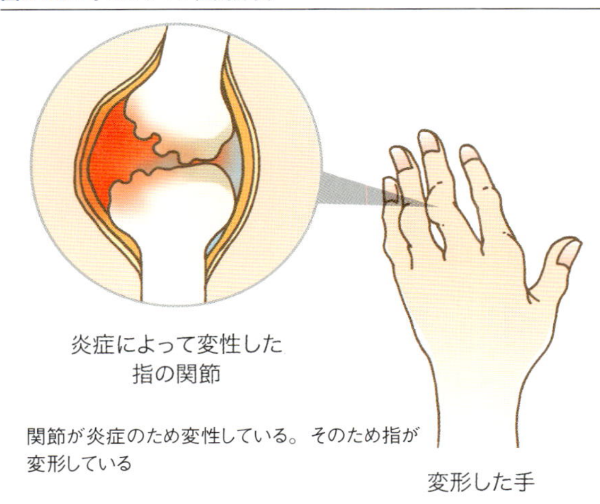

炎症が続いて関節液が過剰に溜まると、滑膜の細胞が増殖して新生された血管をともなった塊(パンヌスとよばれる肉芽)を形成します。その一部は軟骨に食い込むように塊をつくり、軟骨を侵食して、軟骨に続いて骨も徐々に破壊されていきます。

これは、自己免疫性の疾患と考えられています。本来は、外から入ってくる侵入者に対して攻撃するのが正常な免疫機構ですが、なんらかの原因でみずからの身体を敵とみなして攻撃することによって起こります。現時点では、痛みをやわらげ関節の変形を防ぎ、関節の機能を保つことが治療の基本です。腫れや痛みが持続して、日常の生活で不自由な場合、時には滑膜切除が行われることもあります。手首の骨の一部を切除したり、関節を形成する手術や腱移植、腱移行術などが行われます。

これらの手術で、日常の生活動作が改善されることがあります。変形が著しい場合は、骨を切除しシリコンによる人工関節を入れる方法が行われています。最近のエビデンス(臨床結果)のあるレビューではできるだけ運動をしたほうが、予後がよいという結果がでています(P.87の図3-20参照)。

ヘバーデン結節

40歳以上の女性に多く、手指の第1関節が硬く膨れあがってくる病気です(図3-21)。膝の変形性関節症と同じような関節の変形症と考えられていますが、まだはっきりしていません。これに対し、リウマチ性関節炎の場合は手指の根元の関節と手指の第2関節が腫れるのが特徴です。手をよく使う人に多いといわれています。治療としては手の安静や、テーピングによる関節の保護、痛みがある場合は鎮痛剤の内服などですが、年齢が進むにつれて安定してきます。痛みの強い場合は関節内注射や手術も考える必要があります。

腱鞘炎

腱の周囲をおおう腱鞘（けんしょう）の炎症です。症状として、腱の痛みと腫れがあり、患部を動かすと痛いのが特徴です。腱自体の炎症である腱炎を合併することがほとんどです。原因は不明ですが、指や手首など特定の関節を継続的に使う人に多くでます。また、関節炎や外傷などから起こることもあります。

治療としては、患部の安静と抗炎症薬の内服や患部への塗布を行います。その治療で改善が見られないときには、ステロイドの局所注射や腱鞘を広げるような手術による治療が必要となる場合もあります。

手根管症候群

中年以降の女性に多く、手首のところで正中神経が圧迫されて指の知覚障害やしびれ、痛みがでてきます。手首の安静をはか

図3-21：ヘバーデン結節

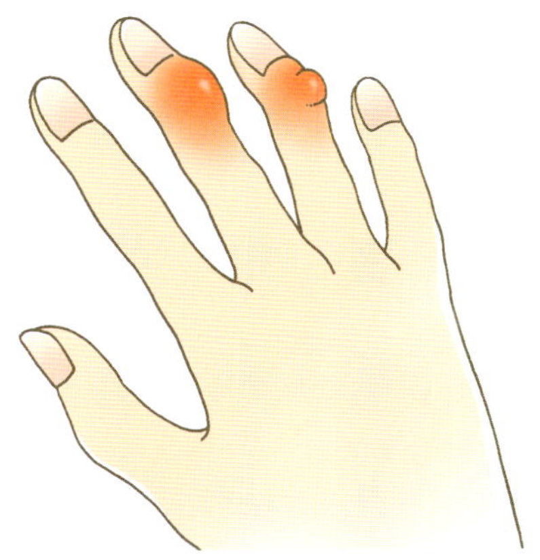

手指の第1関節が硬く膨れあがっている

るため、「ギプスシーネ」という固定具を用いたり、手首に正中神経のあるところに抗炎症剤（ステロイド）の注射をしたりします。改善しない場合には、手根管開放術という手術を行う場合もあります。

ドケルバン（de Quervain）病

中年の女性に多く、手首の痛みと腫れがおもな症状です。痛みはものをつかんだり握ったりすると、ひどくなります。手関節の親指のつけ根（橈骨茎状突起）で、親指を動かす筋肉である短拇指伸筋と長拇指外転筋の腱鞘に炎症を起こしたものです。拇指の背屈や外転によって、強い痛みを生じます。まず安静、それでも痛みが取れなければ局所麻酔剤とステロイドの注入をします。それで痛みが取れない場合は、外科的に腱鞘切開を行います。

キーンベック病（月状骨軟化症）

ハンマーなどを使う職業の男性に多く、手関節の痛みが最初の症状として起こります。手首の月状骨が壊死（骨の組織が死ぬこと）をきたす疾患で、原因はわかっていません。治療は手術が主体となります。大切なことは、手術にちゅうちょして時期を逸し、月状骨が圧迫されて崩壊し、手根骨の位置異常をきたしてしまう前に治療することです。

ガングリオン

手首の甲側がふくれ、弾性のある丸い腫瘤として関節近くに発生します。女性に多く、原因は不明です。腫瘤の中にゼリー状の粘液が溜まっています。痛みがひどい場合は摘出します。

外傷によるさまざまな骨折

外傷による手の骨の骨折や脱臼はいろいろな部位に起こりますが、特徴的な骨折として、次のような骨折があります。すべて骨の整復や局所の安静・固定が必要です。

●**コーレス(Colles)骨折**：老年の婦人が手をついて転び、手関節痛を訴えたら疑います。橈骨(とうこつ)末端骨折のうち、背屈変形するものを総称していいます。安静と固定が治療の主となります。

●**スミス(Smith)骨折**：手関節を背側に曲げた状態（背屈位）で手をつくと、よく橈骨の遠位部の骨折を起こします。治療は安静と固定ですが、手術を必要とする場合もあります。

●**バートン(Barton)骨折**：橈骨側の手根関節面に、大きな骨片をともなった手関節手のひら側（掌側）の脱臼骨折で、関節面のずれを生じるので、正確な整復固定のためプレート固定などの手術を要することがほとんどです。

●**ショーファー(Chauffeur)骨折(橈骨茎状突起骨折)**：セルモーターのなかったころに、運転手（ショーファー）が自動車のエンジンを始動するのにクランクを回すと、強い反動でこの骨折がよく起こったので、こう命名されています。

●**舟状(しゅうじょう)骨骨折**：手根骨骨折のなかでは、もっとも高い頻度で起こりますが、しばしば見逃されて放置されることがあります。治療が遅れると、偽関節といって、本来動かない関節なのに異常に動く状態になったりします。この場合は、骨移植や固定術が必要なことがあります。

●**有鉤骨鉤(ゆうこうこつこう)骨折**：手をついて転倒した際に、横手根靭帯が緊張して、有鉤骨の鉤と呼ばれる突起を骨折することがあります。シーネやギプスでの固定を4〜6週間行う必要があります。

●**月状骨周囲脱臼**：月状骨と橈骨の位置関係は正常ですが、月状骨とその他の手根骨との関係が、外力によって異常な位置となります。

●**月状骨脱臼**：手のひらをついて倒れたときに起こります。月状骨が有頭骨と橈骨の間にはさまれて、はじきだされるように手のひら側に転位します。早めに整復固定します。

●**手根不安定症**：手関節が痛み、手を動かすことが困難になると同時に、握力が低下します。手の関節を動かすときに、音がでることもあります。早めに安静と固定を行います。このなかには舟状月状骨間解離という症状も含まれ、外傷によって舟状骨と月状骨の間の靭帯が舟状骨の靭帯付着部で断裂して生じます。触れると痛みが強く、レントゲンでわかります。早めに整復し固定します。また、三角月状骨間解離は関節リウマチに合併して発生することが多く、手関節の痛みや可動域制限（動ける範囲がせばまること）などがあります。圧痛点が月状骨と三角骨のある尺側部分にあります。

また、橈骨末端の骨折後、変形治癒したあとでも手根中央関節不安定症が見られることがあります。

●**三角線維軟骨複合体（TFCC）損傷**：手関節捻挫の1つで、手関節の小指側の痛みが主症状です。尺骨頭と尺側手根骨の間にある三角線維軟骨、メニスカス類似体、尺側側副靭帯などの複合体の損傷です（図3-22）。原因としては外傷によって発生する場合と、老化現象によって発生する場合とがあります。

特に前腕の手のひらを床に向けたり（回内）、手のひらを天井に向ける（回外）などの動作で痛みを訴え、痛みは動かすときに強くなります。尺骨頭ストレステスト（前腕を回内、回外しながら手関節を小指側に倒し痛みの有無を調べる検査）を行うと、強い痛みがでます。治療は保存的治療（手術しない方法）が原則です。

症状がでて間もないうちは、安静目的のためギプス療法や装具療法（手関節固定装具）、温熱療法などで経過観察します。難治例では局所麻酔薬とステロイドの関節内注射を試みます。これらの保存的治療が無効な場合や、長期間に渡って放置された場合は、手術的治療を検討します。外傷の場合には、関節鏡視下で損傷部を縫ったり切除したりする方法や、尺骨を短くし三角線維軟骨複合体部への圧力を下げる方法などが検討されます。

バージャー氏病

血管の炎症（血管炎）により、おもに手や腕、足、下肢の動脈を詰まらせて、血のめぐりが悪くなる（血行障害）病気で、30～40歳代のアジア人の男性に多く、タバコがきわめて密接に関係しています。女性はその5%です。喫煙歴のない人も発病しますが、その多くは受動喫煙（喫煙者の吐く煙を吸う）が原因と考えられ

図3-22：三角線維軟骨複合体（TFCC）

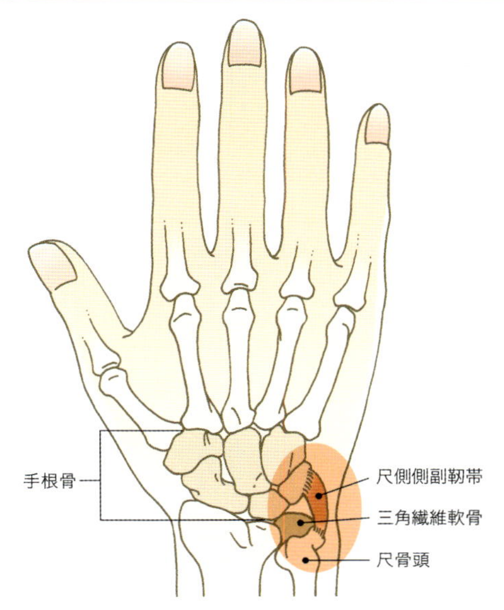

三角線維軟骨複合体が損傷すると、手関節の小指側が特に痛む

ています。

禁煙すると、病状は急速に回復します。したがってバージャー氏病では、治療を開始する前にまず禁煙することが必須です。血管が詰まって虚血症状になり、血管移植手術が必要な場合もあります。しかし、喫煙を続けるとあらゆる治療が無効となります。禁煙ができない人は治療の対象とならず、やがて手や足の切断や手指の切断となります。またそのうち少ない例ですが、脳動脈閉塞や心筋梗塞で死亡する場合もあります。わが国では厚生労働省の難病の指定を受けています。バージャー氏病と診断され、認定を受けると治療費は国で負担されます。

バージャー氏病ほど、喫煙の直接影響を強く受ける病気はありません。病状の悪化と喫煙はきわめて密接に関連しているため、治療開始前にはかならず喫煙について調べます。静脈血を採り、血中の一酸化炭素ヘモグロビン濃度を測定します。1%以上ならば喫煙されており、喫煙が確認されれば治療をやめます。1本のタバコは約20分間血管を収縮させます。また喫煙により血栓症が広がり、血行障害はますますひどくなります。バージャー氏病の人は痛みをまぎらわすためタバコを吸うといわれますが、それは逆効果であり、ますます痛みが増強します。一方、禁煙ができれば治療が有効になります。

手や足の潰瘍は、疼痛が強くて眠れないものですが、禁煙を厳守して血管拡張薬を投与し、手や足を動かさないようにすれば1～4週間後には痛みが消え、潰瘍も自然によくなってきます。数カ月を要して、潰瘍（かいよう）が完全に治癒したあと、ふたたび喫煙すると潰瘍は再発します。禁煙と喫煙を繰り返す人は、潰瘍の治癒と再発を繰り返し、指が1本ずつなくなります（図3-23）。

手の指も同じですが、短くなっていきます。禁煙を守るかぎり、血行障害がふたたび悪化することはありません。しかしすべてが回復するかというと、閉塞した動脈がふたたび開くことはありませんので、手の動脈閉塞では冷感が残り、足ではそのほかに間欠性跛行（かんけつせいはこう）（歩いているとどんどん足の痛みが増してくるので、しばらく休むと痛みがなくなり、ふたたび歩けるようになる状態）という症状が残ります。

急ぎ足や階段の登りはさらに困難になりますので、働きざかりの年齢層の男性では、日常生活や仕事上の大きな障害となります。重症の場合は持続硬膜外ブロックや星状神経節ブロック、血管拡張薬が有効な場合もあります。薬物療法や神経ブロック療法が

図3-23：バージャー氏病の血管造影レントゲン写真（左）と同病の手の外観図（右）

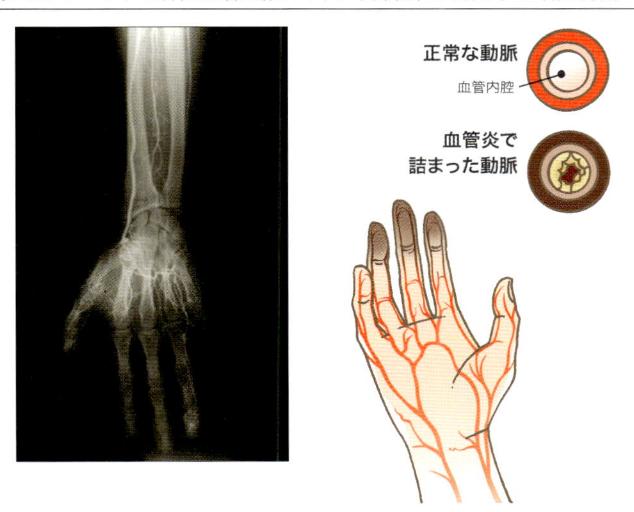

血管が詰まっているので血管造影（白いスジのような映像）で指の血管が映っていない。血管炎で詰まった動脈によって手の先が黒くなっている（壊死している）

無効な場合は、バイパス手術（詰まっているところよりも上流の血管にほかの血管を移植して下流のほうに血の流れをバイパスさせる手術）が有効なこともあります。

胸郭出口症候群

腕や手にいく神経（腕神経叢）が、胸郭出口の骨や異物でじゃまされて起こるとされています。症状は肩こりや頚部の痛み、後頭部痛、上肢のしびれなどの感覚異常や脱力感、まれにレイノー現象（寒冷などの刺激で血管が収縮し手足の虚血をきたし手足が白く見え、痛みや冷感を訴える現象）が見られます。働きざかりの年代に多く、心身症的要因も疑われています。

治療は症状に応じて、鎮痛消炎薬や筋弛緩薬、マイナートランキライザーの投与や星状神経節ブロックなどを行います。レイノー現象など自律神経症状が強い例では、第二胸部交感神経節切除を行うことにより永続的な効果が得られることがあります。

鑑別しなければならない病気があります。狭心症または心筋梗塞でも手の痛みとしてくることがありますので、要注意です。この病気の痛みはほとんどの場合、前胸部中央や胸全体で、時に首や背中、左腕、上腹部に生じることがあります。冷汗（ひやあせ）や吐き気、嘔吐、呼吸困難などの自律神経症状をともなうこともあります。急性心筋梗塞症ではふつう30分以上、前胸部に強い痛みや締めつけ感、圧迫感が続き、痛みのために恐怖感や不安感をともないます。左腕の痛みの場合は本疾患も一応疑う必要があります。

腕神経叢引き抜き損傷

腕神経叢とは頚髄の第5神経根から第1胸髄をいいますが、その前・後根のすべてもしくは一部が脊髄より引き抜かれることにより、上肢の運動まひや感覚脱失、自律神経障害などが起こり、感覚が脱失した部分に強烈な痛みが生じます。神経がないのに痛みが起こる機序としては、神経の引き抜きによって脊髄から痛みを脳に伝える二次ニューロン(P.18の図1-7、P.20の図1-9参照)への入力が遮断されたため、二次ニューロンの興奮性が増して、過剰な情報を脳に送るからではないかと考えられています。

神経根が頚髄から完全に引き抜かれる場合には、まひの回復は期待できません。痛みに対しては、抗うつ薬や抗てんかん薬、神経伝達物質NMDA受容体拮抗薬などを用いますが、決定的なものはありません。神経ブロックの効果も一定ではありません。

神経ブロック治療としては、①星状神経節ブロックを治療開始当初は3～4回／週の頻度で約1カ月行い、そのあとは維持療法として1回／週程度の頻度で行います。②頚部・上胸部硬膜外ブロックを引き抜き損傷直後から行い、十分な除痛をはかります。重症では入院が望ましく、持続法で1～2カ月間程度を目安に継続します。③星状神経節ブロックあるいは頚部・上胸部硬膜外ブロックの効果が一時的な場合には，神経破壊薬あるいは高周波熱凝固法で胸部交感神経節ブロックを考慮します。

手術療法としては、①胸腔鏡下(きょうくうきょうか)交感神経遮断術といい、胸部の交感神経節を内視鏡で熱凝固します。②脊髄後根進入部破壊術は本症の痛みには効果的ですが、長期予後に関してはまだ十分に検証されていません。脊髄硬膜外電気刺激、大脳皮質野や脳深部などへの刺激装置植込術で長期的に治療を行う方法もあります。

症例

幻肢痛：痛みは記憶される

41歳・男性、弁護士（マレーシア在住）

幻肢痛（げんしつう）で仕事ができないとの訴えで、他大学医学部教授から紹介され、当クリニックに来診されました。

７年ほど前にバイク運転中に事故にあい、右腕神経叢を引き抜き損傷、以来、右上肢は完全まひにもかかわらず、幻肢覚（神経がまったくないのに手をにぎりしめている）と幻肢痛（手のひらが痛い）が続いていました。マレーシアの某病院で上肢を切断されたものの痛みはまったく変わらず、やむなく「デメロール」（麻薬）を１日400ミリグラム内服していましたがあまり効果がなく、脊髄電気刺激療法を試みるべく来日しました。

外来で診ると、表情は苦痛に満ちていました。常時焼けるような痛みがあり、そのうえに波のように押し寄せる、がまんのできない痛み（a persistent burnig pain and wave-like agonizing pain）があるとのこと。さっそく硬膜外脊髄電気刺激療法を試みました。刺激中、波のように押し寄せる痛みは取れましたが、焼けるような痛みは取れないとのことでした。患者は納得して帰国の準備をしていました。

たまたまそのころ、米国のNaholdらのグループによって幻肢痛に対する脊髄膠様質（こうようしつ）破壊術が発表され、かなり成績がよいようでした。本人にその論文を見せて、試してみるかどうかたずねると、せっかく日本にやってきたので、試してみてほしいとの返答でした。

当時、脳定位手術（脳の深いところを脳の立体地図を参考に針電極を刺し入れて焼いたり刺激したりする手術）の第一人者である石島先生といっしょに手術を行いました。痛みを最初に記憶すると考えられている脊髄の部位が、ゲートコントロール説のもとになっている脊髄後角膠様質という部位です。この部位を顕微鏡で見ながら熱凝固しました。術後、患者の痛みは完全に取れ、いままでにぎりしめていた手が開けるようになった、との報告がありました（写真3-24）。

このケースで「痛みは記憶される」という仮説を臨床的に確かめることができました。つまりバイクの事故当時、手はハンドルをしっかりとにぎりしめていたのがそのまま幻肢覚として記憶され、そのときの痛みが幻肢痛として記憶されていたのです。脊髄の膠様質という部位には、神経細胞が密集しています。脊髄の核といってもよいでしょう。脳に入る前に、最初にここで記憶の機能が果たされていることが示唆されます。少し損傷を受けた側の上肢にしびれ感が残りましたが、その後、患者さんは元気で弁護士の仕事に精をだしているようです。

写真3-24：脳神経引き抜き損傷による幻肢痛

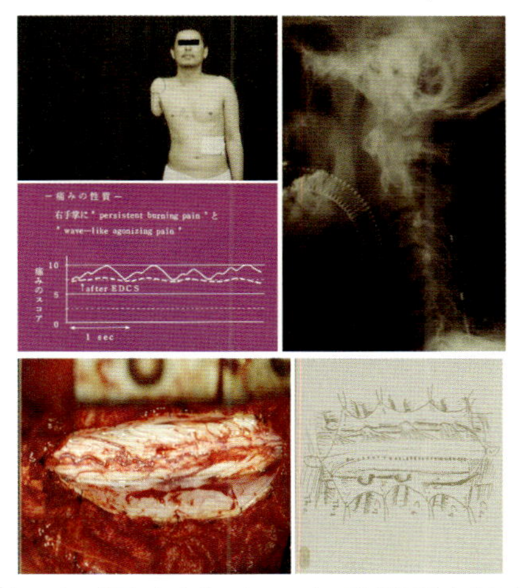

41歳・男性。バイク運転中事故にあい、右の腕神経叢（手を支配する神経の束）の引き抜き損傷をこうむり、右上肢の完全まひが生じたにもかかわらず、手のひらの耐えがたい痛みに悩まされている。病院で上腕を切断した（左上）が、痛みは変わらない。本人が描いた痛みの程度と性質（左中）。硬膜外刺激用電極を挿入したレントゲン写真（右上）。頚髄の後面の写真（左下）で引き抜き損傷を確認。後角膠様質凝固術（後根進入部破壊術）を行った術記録（右下、ドットを示したところを電気凝固した）

背中や胸はなぜ痛くなるのか？
——さまざまな背中と胸部の痛み

背中や胸部は、骨格的には胸部の内臓を支え保護する役目を果たしています。この部の骨格や筋肉皮膚の痛みで多いのは、帯状疱疹や帯状疱疹後神経痛、肋間（ろっかん）神経痛、胸椎圧迫骨折、胸部の脊柱管狭窄（せきちゅうかんきょうさく）などです。また関連痛として胸部の内臓である心臓や大動脈、肺、食道などの病変があります。

関連痛とは、内臓の痛みが筋肉や皮膚の痛みとして感じることをいいます。ときには上腹部の内臓である胃や十二指腸、膵臓、腎臓、肝臓などの臓器の病気を背中や胸の痛みとして感じることもあります。

また精神的な疲れや過労、特殊な薬物中毒、特殊なハーブ類の摂り過ぎ、偏った生活習慣などでも起こることがあります。したがって、ここでも各専門医の連携による診療が必要です。

胸の痛みとその特徴

「胸の痛み」という言葉は、文学的な表現によく使われます。「心の痛み」という言葉もよく使われます。ショッキングなことがあると、人は本当に胸が痛むのでしょうか？

実は、生理学的にこれはあるのです。ショッキングなことがあると、交感神経は急激に活動が活発になります。そうすると全身の血管が収縮し、血圧が上がります。心臓は血圧の上昇に抗して収縮しなければなりませんので、心臓の仕事量が急激に上がります。

じょうぶな心臓の場合は問題ないのですが、心臓の栄養血管（冠動脈）に問題があったり、心臓の筋肉に病的な変化があったりすると、心筋が虚血状態になり虚血性の痛みが起こります。その痛みは胸の中央、あるいは左胸や左肩、左腕、背中などに関連痛として感じます。正常な人でも自律神経の不安定な場合や、そのショックが強いとやはり起こります。また、不安神経症の患者さんではそのショックの程度がより増幅されて生じます（図3-25）。

図3-25：精神的ショックによる胸の痛みの機序

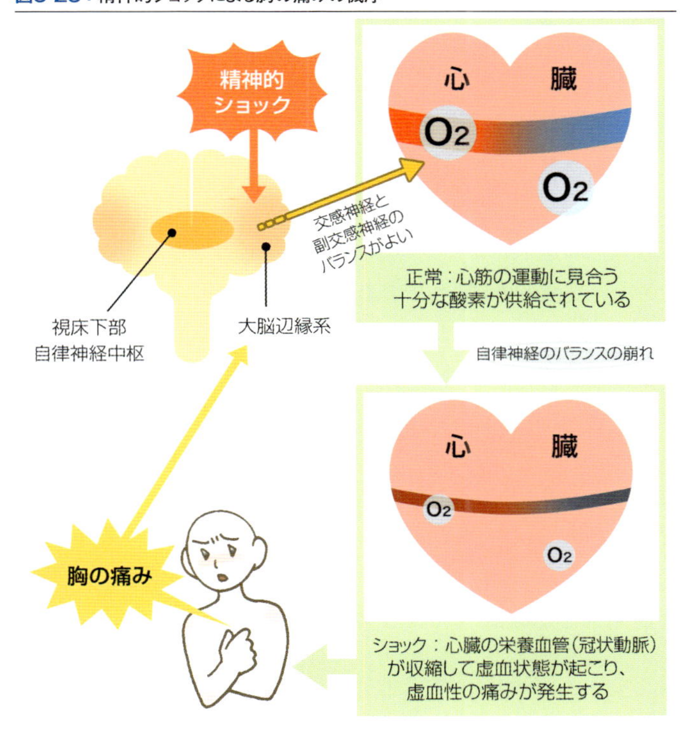

精神的ショックにより自律神経活動の乱れが生じて心臓の栄養血管が収縮し、心筋に十分な酸素が届かず、虚血性の痛みが前胸部や左肩、腕などに痛みとして感じる

持続する慢性の交感神経の緊張があると、脳の視床下部というところを介してホルモン分泌異常も起こります。その結果、生体のホメオスターシス（恒常性）の乱れが生じます。視床下部の興奮は大脳辺縁系の機能異常をきたし、情緒不安定が起こります。それらの相乗効果として、持続的な胸の痛みが起こります（P.39の図2-5参照）。このときの胸の痛みは多彩です。きりきりとした痛みから、胸全体の重苦しい鈍い痛みまでいろいろです。

また、うつ病やパニック障害、強迫性障害、外傷後ストレス障害（PTSD）などの1つの症状として起こることもあります。このような場合は、交感神経ブロックや薬物療法とあわせて、認知行動療法が必要です。思い込みを是正してあげたり、建設的な思考へ誘導させたりするなど心理的カウンセリングが必要です（1）。

女性では、更年期障害や月経不順などの一症状としても起こります。そのなかで、更年期の女性に多く見られる「タコツボ症候群」という病気があります。胸の痛みや息苦しさ、血圧低下、などの症状で救急部に送られてくる患者さんで見られます。わが国で最初に報告されたのでこの名があり、世界中で関心が寄せられています。エコーなどの検査で、心臓の動きがタコツボのような動きをするのでこの名がついています。

ところで、女性は悲しいときやショッキングな出来事にであうと胸を押さえます。しかし、男性ではこのようなことはあまり見られません。もっとも西欧では、男性でも忠誠を示したり、わびを請（こ）うときなどにこぶしを胸にあてるしぐさはあります。日本でも、犯した誤りや失敗を反省するようにうながすときに、胸に手をあてるという言葉を使いますが、実際に胸に手をあてるわけではあ

1 Spinhoven P, Van der Does AJ, Van Dijk E, Van Rood YR.：Heart-focused anxiety as a mediating variable in the treatment of noncardiac chest pain by cognitive-behavioral therapy and paroxetine. J Psychosom Res. 2010;69:227-35.

りません。

女性の胸に手をやるしぐさは、胸の痛みに対してあるいは急激な外からのストレスに対し、みずからをかばう本能的なしぐさだと思います。神経生理学的にも、それは理にかなっていると思います。交感神経興奮に対し、胸壁からの副交感神経反射をうながしているのでしょう。肋骨の骨膜には、たくさんの副交感神経の支配があります。

心筋虚血（心筋梗塞）以外の身体的な胸の痛みといってもいろいろです。身体を動かさないのにきりきりと痛むのは、肋間神経痛が大部分です。肋間神経痛の原因も、またいろいろです。帯状疱疹や帯状疱疹後神経痛が多いのですが、肋間神経炎や胸骨腫瘍、肋膜炎などもあります。また種々の神経疾患も考える必要があります。そして循環系や呼吸系の病気（別記）も、念頭に置く必要があります。消化器系疾患では食道けいれんなど、心筋虚血と間違えられる痛みがあります。

頭部や背中を押さえたり、あるいは身体を動かしたり、ねじったりするときに痛いのは、寝違いや胸椎変形症、胸椎椎間板ヘルニア、胸部脊柱管狭窄症、胸椎椎間関節炎、肋膜(ろくまく)炎、肋骨骨折、胸鎖関節炎（胸骨と鎖骨がつくる関節の炎症で、胸の上のほう）、胸肋(きょうろく)関節炎（胸の中央部）、胸部の筋肉炎、運動のしすぎ、過労などが考えられます。

©Kenneth Man-Fotolia.com

また女性では乳房を押して痛いのは、乳腺炎や乳腺の腫れ、下着による締めつけ、月経不順、線維筋痛症などが考えられます。乳がんはよほど進んでいないかぎり、押しても痛くないのが特徴です。

麻薬のコカイン使用者で、胸の急激な痛みを訴え、救急部に運ばれる患者さんがいます。その薬理学的原因ははっきりしませんが、おそらく心臓の栄養血管が収縮して心臓の血管の虚血をきたすためではないか、と考えられています(1)。また、実際にコカインが原因だと考えられる心筋梗塞も、多く報告されています(2)。

このように胸の痛みの原因はいろいろですから、その原因について十分に専門医による診断と検査を行うことが必要です。

胸椎の異常に起因する疾患であれば、整形外科やペインクリニック、心臓や血管によるものであれば循環器科、神経性のものであれば神経内科や精神科、ペインクリニックなどの専門医に相談してください。各専門医の横のつながりも必須です。

心理的疼痛症候群

この病気は、心身の疲労や慢性の不眠、偏った生活習慣、ストレスなどが原因で招来すると考えられています。薬物の慢性中毒や偏った食べもの・飲みもの、慢性の感染症などによる痛みを除外する必要があります。なかなか原因が特定できないこともあります。痛みの原因を探り、ほかに起因する疾患がないかを見きわめることが必須です。また、人はこの痛みによって生活活動が非常に制限されるので、早めに治療を開始することがすすめられ

1 Jones JH, Weir WB.: Cocaine-induced chest pain. Clin Lab Med.2006;26:127-46
2 Lippi G, Plebani M, Cervellin G. Cocaine in acute myocardial infarction.Adv Clin Chem. 2010;51:53-70.

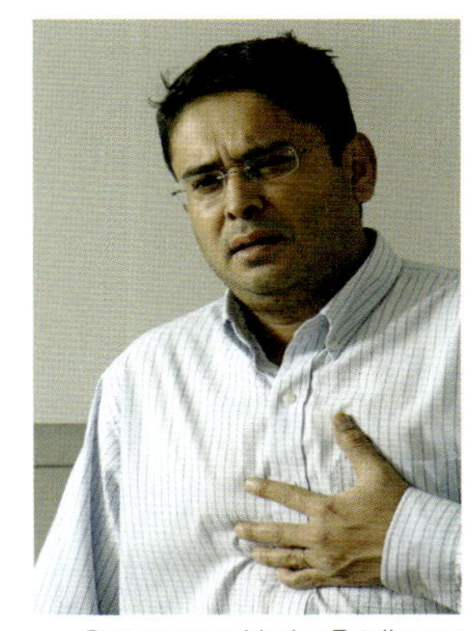
©sumnersgraphicsinc-Fotolia.com

ます。

現れる痛みは胸痛であったり、頭痛や背部痛、腰痛、下肢の痛みであったりすることもあります（p.101の図3-25参照）。また、以下の症例で示すように、慢性の痛みが突如として急性痛の発作のかたちで起こることもあります。

この病気であることが明確になれば、鎮静剤の投与だけでなく、患者の精神の安定が得られるような会話や説得が必要なこともあります。

この病気による症候群のなかに、慢性疲労症候群、狭心症、背部痛、反復性疼痛症候群、強迫性障害（神経症性障害）、慢性下痢、過敏性腸症候群、神経性頻尿、歯ぎしり、線維筋痛症、偏頭痛・緊張性頭痛などを入れる研究者もいます。

症例①

心身の疲れからくる慢性の胸痛：慢性疲労症候群

23歳・男性、大学生

左肩、鎖骨下の強い痛みを訴えて夜10時ごろ外来受診。脈拍やや頻脈（78/分）ですが、不整脈はありませんでした。血圧やや高め（155/91mmHg）、しかしふだんはむしろ低血圧の傾向（収縮期血圧100mmHg前後）で、体温は36.4℃でした。また、咽頭喉頭は特に異常ありません。心音、呼吸音正常、全身の打診、聴診、触診も特に異常はありませんでした。局所

（鎖骨下）を触診しましたが、特に触れるものはありません。心筋虚血も疑い、念のため心電図を記録しましたが正常でした。胸部レントゲンを撮ってみましたが、特に異常所見はありません。そこで、問診を行ってみました。

すると、このところ（数カ月前ごろより）、スポーツ（柔道）や絵画などのクラブ活動で少し疲れぎみだということです。家庭教師をしている家に下宿していて、週末は外から通ってくる高校生と下宿先の子供（中学生）を教えています。高校生は来年大学受験を控えていて、かなり勉強ができるので教えやすいのですが、中学生のほうはあまり勉強好きではありません。親から頼まれるので仕方なく教えていましたが、これがかなりストレスを与えているようでした。痛さの性質は持続的で、重く締めつけられるようで、その程度は強いものでした（がまんできない痛さを10として表現すると8くらい）。

薬理学的診断を兼ねて「ベンゾジアゼピン（ジアゼパム）」5ミリグラムを筋肉注射しました。その後15分程度で次第に痛みが緩和され、30分後にはほとんど消失しました。「ジアゼパム」の内服をすすめてみましたが、必要ないと断られました。なにかあればいつでも連絡するように、またしばらく無理をしないように告げ、患者は帰宅しました。その後連絡なく、下宿のおかみさんに連絡を取りましたが、その後特に変わった様子はなく元気、との報告でした。

この患者は、理工系で実習が続き、またそのうえクラブ活動でかなり身体的に疲れがでてきていました。そこに下宿先の子供の家庭教師で精神的ストレスが持続的に溜まっていたように思われます。このような場合、交感神経系の過興奮が生じ、胸部や頚部、腰部、そのほかの部位に痛みがくることがあります。心身ともにストレスが持続することが原因の場合もあり、慢性疲労症候群の1つのタイプと考えられます。

精神的ショックからくる胸痛発作：狭心症

34歳・男性、公務員

胸部の痛みと苦悶様発作を訴えて、救急外来を受診。血圧175/90mmHg、脈拍82/分、不整脈はなく、体温は36.5℃でした。点滴を行い、まず静脈を確保したあと、「ジアゼパム」5ミリグラムを静脈注入し、全身の触診と打診、聴診を行いましたが、特に異常所見はありません。血液検査、胸部レントゲン検査、心電図、尿のテストにも異常所見はありませんでした。

上記の鎮静薬を静脈注射後、傾眠の状態で問診を行ってみました。昨夜、遠く離れている交際相手の女性が急死、しかし公務のためどうしてもすぐに駆けつけられない状況ということでした。生理食塩水点滴および鎮静薬静注を開始してから約20分後、問診しているうちに血圧130/75mmHg、脈拍64に落ち着きました。特にほかの異常を認めず、患者の胸痛がやわらいだので、退室を許可しました。

このようなケースは、救急外来で時に見られる胸部の痛み発作です。精神的なショックで頭痛や胸痛、腰痛などの発作が起きることがあります（P.101の図3-25参照）。

帯状疱疹と帯状疱疹後神経痛

帯状疱疹がよく現れる部位は、胸部です。顔やお腹、太ももにもできますが、胸の肋間神経にもっともできやすいので、ここで説明します。

帯状疱疹は、帯状疱疹水痘（すいとう）ウイルスが原因です。水痘が治癒しても水痘のウイルスが神経節の中に潜伏しており、ストレスや心労、加齢、抗がん剤治療、日光などの刺激で人の免疫力が低下すると発症します（P.109の図3-26参照）。なぜウイルスが再活性化するのか、そのメカニズムは不明です。60歳代を中心に50歳代〜70歳代に多く見られますが、若い人でも発症することがあります。

症状は知覚神経が走っている領域に沿って、帯状に痛みをともなった赤い発疹と小水疱が出現します。発疹がでる数日前から、ぴりぴりした痛みを感じることもあります。腰部や下腹部にできた場合、排尿障害や排便障害が生じることもあります。まれに、神経痛のみで発疹がでないこともあります。

通常、皮膚症状が治まると痛みも消えます。その後ひと月以上もぴりぴりとした痛みが継続すると、帯状疱疹後神経痛が疑われます。これは急性期の炎症によって、神経に強い損傷が生じたことで起きると考えられています。 急性期の痛みは神経と皮膚の炎症によりますが、帯状疱疹後の神経痛は神経の損傷によるものなので、痛みが残った場合はペインクリニックなどでの専門的な治療が必要になります。

治療として、急性期には「アシクロビル」や「ビダラビン」「ファムシクロビル」などの抗ウイルス薬が有効です。点滴や内服による治療により、短期間での回復が期待できます。皮膚症状に対しては、「アシクロビル軟膏」などが効果的です。薬の投与と同時に、安静にして体力を回復することも大切です。適切な治療が行われれば、1週間〜10日ほどで水ぶくれはかさぶたになり治ります。

帯状疱疹の程度がひどい場合や、高齢者など免疫機能が低下している場合、初期に適切な治療が行われなかった場合などは、神経痛のような痛みが、治癒したあとも後遺症として残ることがあります。帯状疱疹後神経痛に対する治療法は確立していません。必要に応じて神経ブロックや理学療法、非ステロイド性抗炎症薬、抗うつ剤、抗けいれん薬、レーザー治療などを組み合わせて治療します。

痛みが強く持続する場合は、ペインクリニックでは持続胸部硬膜外ブロック、神経根ブロック、星状神経ブロックなどを行います。さらに痛みが持続し日々の生活に支障が生じる場合は、電気的に脊髄を刺激する方法があります。硬膜外電極を植え込み、自分で刺激することで、痛みの緩和が得られることがあります。

米国では60歳以上を対象として帯状疱疹ワクチンが承認されています。このワクチンは数十年前に日本で研究開発された水痘ワクチンです。米国のみならず欧州など30カ国以上で帯状疱疹の予防目的で広く使われていますが、日本ではまだ予防目的での保険が適用されていません。

図3-26：胸部肋間神経に発生した帯状疱疹

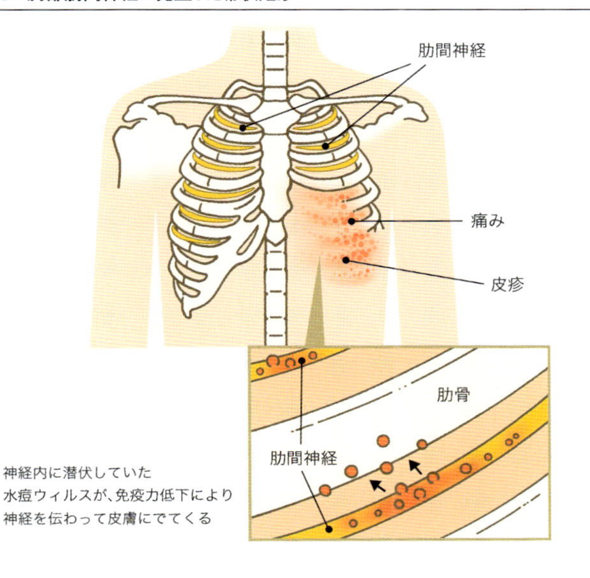

帯状疱疹予防として接種する方法は、日本ではまだ一般的ではないことから、医療機関によっては受けられない場合があります。帯状疱疹にくわしい皮膚科やペインクリニックに相談するとよいと思います。帯状疱疹の病気をしたことがない60代以上の高齢者には、ワクチンの使用をすすめます。

また、帯状疱疹にかかる人はストレスや疲労により免疫力が下がっている状態なので、不規則な生活や過度の疲労、心労を続けることを控え、規則正しい生活と十分な栄養の摂取、心の安静、十分な睡眠、適度な運動が必要です。また、過労やストレスなどで身体が疲れているときや、がんなどで免疫機能が落ちているときに発生しやすいので、全身的な検査も同時に行うことをすすめます。

胸椎圧迫骨折

胸椎圧迫骨折とは、脊椎の椎体が重力のかかる方向に強く圧迫されてつぶれる骨折で、骨を押しつぶすような力が働いたために起こってしまう骨折です(図3-27)。これも、人が二本足で歩行するようになったことと関連があります。骨粗しょう症がある高齢者によく見られ、多くは胸椎や胸椎と腰椎の移行部などに起こります。高いところから墜落した事故の場合は別ですが、骨粗しょう症がある高齢者では、比較的軽い力が加わっただけで椎体の圧迫骨折が起こることがあります。

また、くる病や骨軟化症、腎性骨異栄養症などのような代謝性の病気によって、骨の強度が低下している場合にも圧迫骨折が起こることがあります。もっとも多いのは、骨粗しょう症が原因で起こるものです。高齢の女性の背中が丸くなっていく老人性円背（えんはい）は、胸椎の多発性の圧迫骨折が原因です。著しい骨粗しょう症がある場合は、せきをした程度でも骨折することがあります。

圧迫骨折が起こった部分に、重度あるいは軽度の痛みを訴えます。急性期には、寝がえりや前かがみができないほどの強い痛みを訴えます。がんなどの悪性腫瘍が転移したために起こる圧迫骨折もあるので、正確な診断が必要です。骨粗しょう症による脊椎圧迫骨折は、1～2週間程度安静にしているだけで、痛みは次第に軽くなります。腰椎固定バンドなどで軽く固定し、痛みが軽くなるまでベッド上で安静にします。患者さんが高齢の場合、長期間ベッドで安静にしていると、呼吸器や尿路系の感染を起こしたり、痴呆が発症することがありますので、できるだけ早めに歩行の訓練をする必要があります。

痛みが強い場合は、胸部硬膜外ブロックで痛みを緩和して血

図3-27：胸椎の圧迫骨折

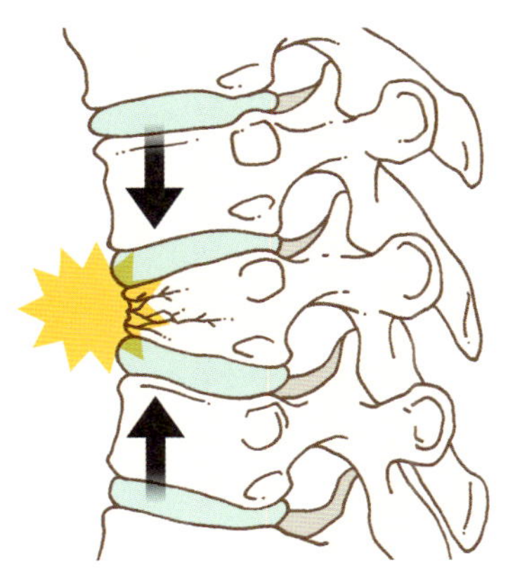

椎体に矢印のように外力が加わると起こる。骨粗しょう症があると起こりやすい

流の改善をうながし、圧迫骨折の進行を食い止めることが肝要です。骨折による変形が強い場合や、神経の圧迫症状（足のまひなど）がある場合は手術によって骨の移植を行ったり、圧迫骨折した脊椎に皮膚から針を刺して、医療用のセメント（骨セメント、ポリメチルメタクリレート）を注入して固定し、痛みを取る治療を行うこともあります（経皮的椎体形成術）。長期的には硬膜外脊髄電気刺激療法が、功を奏することがあります。

症例 交通事故からきた背部痛そして自殺

54歳・女性、看護師長

外傷後疼痛症候群による痛みから、ついには自殺してしまった患者さんの例を紹介します。

１年ほど前に交通事故にあい、背中と肩を強く打撲。最初はそれほど痛くなかったのですが、数カ月前より背中から右肩にかけて次第に痛みが増し、痛み止めやほかの代替医療を試みましたが、痛みが取れませんでした。日々の仕事に支障をきたし、勤めている病院の院長から紹介され、当クリニックに来診されました。

訴えによると、鈍い痛みに加えて、時々えぐられるような痛みが襲うということです。触診してみると、右背中から右上腕にかけて皮膚温が低下して、左側に比べて皮膚が湿っぽく、冷覚が左に比べてより過敏でした（本人によると1.5倍程度）。触覚は左右差がなく、右上腕の筋肉の萎縮（いしゅく）（小さくなっていること）が軽度に認められました。そのほかの感覚障害や運動障害はありません。レントゲンでは、外傷によると考えられる７番目の胸椎の軽度の圧迫骨折がありました。外傷後疼痛症候群を疑い、全身のスクリーニング検査と同時に、念のためMRI検査を行いました。脊柱や椎間板、脊柱管（脊髄が通っている脊椎の管）には画像上は異常がありませんでした。患者さんの住まいが遠方だったこともあり、入院のうえ持続硬膜外ブロックを行ったところ、痛みが取れることを確認しました。さらに右胸部交感神経節ブロックでも痛みが取れることがわかったので、フェノールブロックを行いました。痛みが完全に取れ、患者さんは仕事に復帰できました。

しかし、数カ月後に痛みが再発したので、院長から治療依頼の連絡が入りました。ふたたびブロックを行うか、あるいは脊髄電気刺激療法を試みるべく待機していましたが、数日後、院長より連絡があり、その患者さんが自殺したということでした。

＜反省点＞大学が多忙で、患者さんのアフターケアが十分に行えなかったことです。数カ月後に痛みが再発する可能性があることを説明してありましたが、数回治療を行うことで再発がなくなる可能性もあることや、次のステップとして脊髄通電療法という手段もあることを、十分に説明していなかったのではないかと悔やまれます。院長の説明では、その患者さんはきわめてまじめな方で、ほかの看護師からの人望が厚かったようです。そのうえ、その病院が非常に多忙で看護師の勤務がきつく、みずからが病気休養することを大変苦にしていたようでした。誠に悔いの残る症例です。

胸部脊柱管狭窄症

加齢による胸椎の変形や黄色靭帯の硬化、後縦靭帯骨化症、椎間板ヘルニア、まれに胸椎椎間関節の肥厚などが原因で起こり、脊髄が通る管（脊柱管）が狭くなる病気です（P.114の図3-28参照）。そのなかで狭くなる部位が広範になる病気は特定疾患に指定されています。

広範脊柱管狭窄症

56の難病のうち、特定疾患の1つに指定されている病気です。頸椎、胸椎、腰椎の広範囲にわたり脊柱管が狭くなって、脊髄神経の障害を引き起こす病気です。頚椎部、胸椎部または腰椎部のうち、いずれか2カ所以上の部分に脊柱管狭小化が存在することとなっています。頚椎と胸椎の移行部、または胸椎と腰椎の移行部のいずれか1カ所のみの狭小化は除かれます。

わが国では、患者さんの数は年間で約2300人と推計されています。中年以降の男性に多く発生しています。狭窄部位は頚椎部と腰椎部の合併が多いようです。病気の原因として、先天性のものと加齢が関係しているようですが、はっきりしていません。

症状としては、おもに手足や身体のしびれや痛み、脱力感などが認められます。手足に力が入らなくなると、介助を必要とします。

図3-28：脊柱管狭窄症

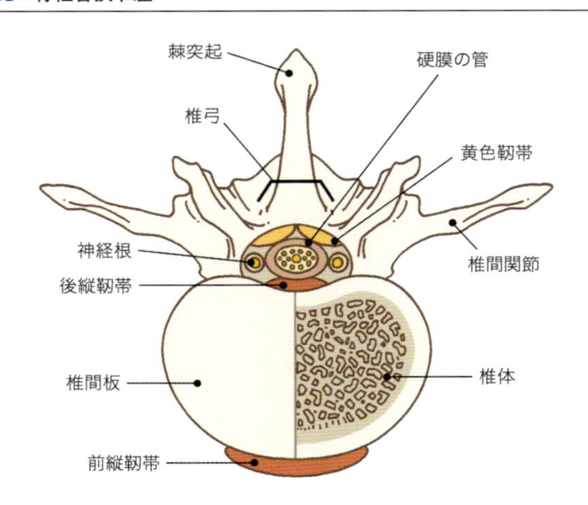

後縦靭帯や黄色靭帯の肥厚や骨化、椎間板の突出、骨の変形、椎間関節の肥厚などで脊柱管が狭くなって、脊髄や脊髄神経、神経根などが圧迫されて起こると考えられる

　また、歩いていると次第に痛みやしびれが強くなり、少し休んでは歩くといった症状（間欠性跛行）になります。排尿や排便の障害もともなうことがあり、転倒などで症状が急に悪くなることがあります。

　治療としては頸椎牽引や腰椎牽引、固定装具などが用いられます。また、消炎鎮痛剤やビタミンB_{12}などの薬も使われますが、痛みが強い場合には神経ブロックが行われます。このような治療をしても効果がないときは、入院して神経ブロック併用による頸椎や腰椎の持続牽引を行います。

　これらの保存治療で効果が見られない場合は、手術療法を行います。頸椎部では狭窄部位に対して前のほうから除圧して、骨盤など自分の骨を入れて固定する手術（前方除圧固定術）や、後ろから除圧する椎弓切除術や脊柱管拡大術などがあります。最近の傾向として、狭窄部位が頸椎に数カ所ある場合は脊柱管拡大術が行われます。胸椎部では、後ろから椎弓切除術が行われます。腰椎部では後ろから椎弓切除術や拡大開窓術、固定術などが行われます。脊髄まひの状態では、手術を行っても回復はあまりよくありません。一般に手や足に痛みあるいはしびれが存在する場合、症状はよくなったり悪くなったり反復するので、保存的治療を受けながら経過を観察する必要があります。手足の力が落ちたり、排尿や排便障害がある場合は、手術療法を行わないと症状の軽減は難しくなってきます。

後縦靭帯骨化症

　この病気も、56ある特定疾患の1つです。脊椎椎体の後縁を上下に連結して脊柱を縦走する後縦靭帯が骨化し肥厚（ひこう）したため、脊髄の入っている脊柱管が狭くなり、脊髄や脊髄から外にでる神経根が圧迫されて、神経障害を引き起こす病気です。骨化する脊椎のレベルによってそれぞれ頚椎後縦靭帯骨化症、胸椎後縦靭帯骨化症、腰椎後縦靭帯骨化症と呼ばれています(P.114の図3-28、写真3-29参照)。

病気が発症するのは中年以降の男性で、糖尿病や肥満の人にこの病気の発生頻度が高いこともわかっています。この病気に関係するものとして、遺伝的素因や性ホルモンの異常、カルシウム・ビタミンDの代謝異常、糖尿病、肥満傾向、老化現象、全身的な骨化傾向、骨化部位における局所ストレス、またその部位の椎間板脱出など、いろいろな要因が考えられていますが、原因の特定には至っていません。

家族内発症が多いことから、遺伝子の関連が考えられています。頚椎にこの病気が起こった場合に最初にでてくる症状は、頚筋や肩甲骨周辺、指先の痛みとしびれです。症状が進行すると、痛みとしびれが広がり、足のしびれや感覚障害、足が思うように動

写真3-29：胸椎に発生した後縦靭帯骨化症のMRI像

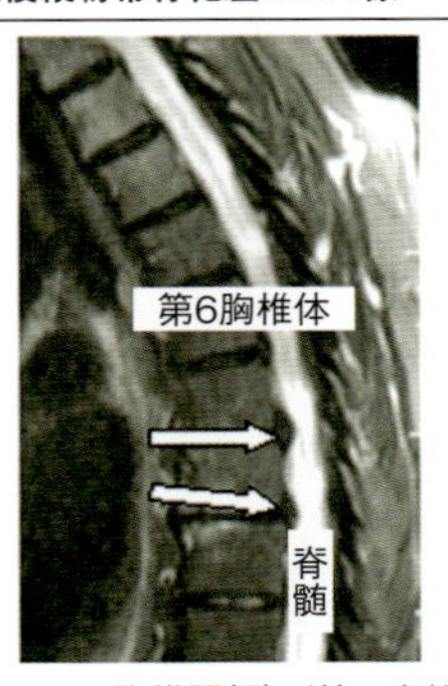

2つの白矢印の部(第7/8、8/9胸椎間板)が特に脊柱管に突出して脊髄がくびれている。よく見ると第5胸椎のレベルあたりから脊髄が圧迫されていることがわかる。また、脊髄が後ろからも圧迫されている(黄色靭帯骨化症)

かない、両手の細かい作業がしにくいなどの症状がでます。重症になると、排尿や排便の障害がでて、日常生活が困難になることもあります。

胸椎にこの病気が起こると、下肢の脱力やしびれなどがでることが多く、また腰椎に起こると、歩行時の下肢の痛みやしびれ、脱力などの症状がでます。半数以上の人は、数年経過しても症状が変化しませんが、一部では進行性で手術を要することもあります。また外傷、たとえば転倒などによって、いままでの症状が強くなったりすることがあります。

頚椎における保存的療法では、頚椎の外固定装具を着用します。高さの調節可能な装具がすすめられます。首を後ろにそらせる姿勢は避けるべきです。薬物療法として、消炎鎮痛剤や筋弛緩薬などの内服によって、自覚症状の軽減が得られることがあります。

手術をする前に、神経ブロック療法で改善することがあります。この療法では、血行改善による効果をねらいます。症状が強い場合は手術治療をします。この病気は、黄色靱帯骨化症や前縦靱帯骨化症などの病気を合併しやすいので、定期的に検査をする必要があります。症状はかならずしも進行性とはかぎりませんので、治療方針は専門医と相談する必要があります。

脊髄梗塞（虚血性脊髄障害）

脊髄には、後ろ2本、前1本の動脈があり、脊髄の栄養をつかさどっています。頚髄はおもに椎骨動脈からきていますし、胸椎以下はアダムキューイッツという、大動脈から枝分かれした動脈によってまかなわれています。脊髄梗塞はふつう、椎骨動脈以外の動脈が障害されて起こります。症状には、急激な背部痛や両手足のまひと特に痛覚や温覚に障害が起こります。ほかの感覚は、あまり障害されません。診断はMRI検査でわかります。

特定の脊髄節、第2～第4胸髄節の付近が特に虚血になりやすいといわれます。大動脈への損傷（たとえばアテローム動脈硬化や大動脈解離、手術中の動脈結紮（けっさつ）などで起こる）のほうが、脊髄動脈自体の病変よりも梗塞の原因となることが多いといわれます。前脊髄動脈が典型的に侵されると、前脊髄症候群を発症します。脊髄の後ろの後索を通って伝導する位置覚および振動覚は、比較的障害をまぬがれるのが特徴です。

いったんかかると、なかなか治療が難しい病気です。

腰はなぜ痛くなるのか?
——さまざまな腰部の痛み

四足歩行する動物から、二足歩行をする人類が進化してきました。そのため首は頭を上に支えるために、また腰は身体を垂直に支えるために、S字形に彎曲（わんきょく）しています（生理的彎曲という）。そり返った形で重い上半身を支える腰と、頭を支える首に過重な負荷がかかり、腰痛や肩こりを起こしやすくなったのです。これらの病気は、人類が二足歩行をしたために生じた病気といえます。つまり、進化の過程で生じた病気ともいえます。人類がさらに進化すると、これらの病気はなくなるかもしれません。

腰の痛みの大部分は、姿勢の悪さや過労、腰椎椎間板ヘルニアやすべり症、腰部脊柱管狭窄症、腰椎変形症、圧迫骨折、腰部の捻挫が原因です（図3-30）。腰椎や腰部の筋肉はそれより上の体重を支え、前かがみになったり、後ろにそったり、運動の範囲が大きく、さらに跳（と）んだりはねたりするときには、相当な重力がかかります。

腰の痛みは、これら腰部の骨格の病気のほかにも腹部や下腹部、陰部などの部位の病気が原因である場合もあります。たとえば腎臓や尿管、大腸、大動脈、婦人科、泌尿器の病気、悪性腫瘍などからくることもあります。また、ストレスや心身症、自律神経失調、ヒステリーなど、心因性の腰の痛みもあります。このように腰痛はさまざまな要因で起こるので、自己判断せず専門家に診せる必要があります。

姿勢や過労からくる急性の腰痛症は、安静をはかり、生活習慣を改善することによって自然に治ります。最近は、急性の腰痛でもかならずしも安静をはからず、身体を動かしていたほうがよいとのエビデンスがたくさん報告されています。長時間、冷房の下

図3-30：腰痛は種々の原因で起こる

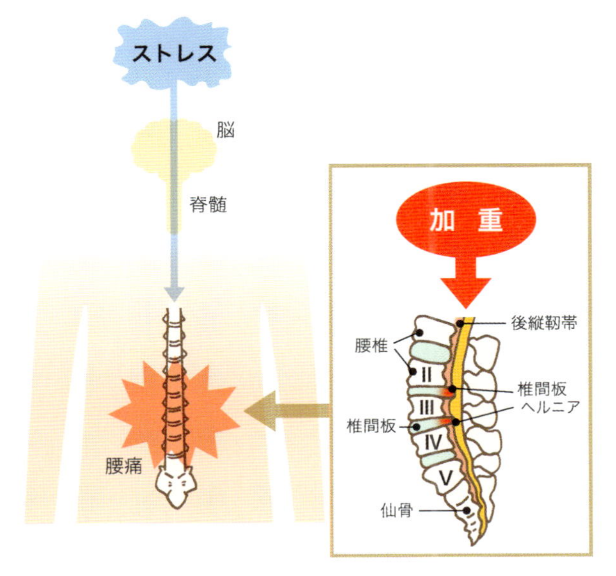

ストレスや長時間同じ姿勢をとること、肥満、腰部の変形、加重による椎間板のヘルニア、靭帯の肥厚・骨化などによって起こる

でデスクワークする人や、同じ姿勢で仕事をする人などは要注意です。それにストレスが加わると、症状は重くなります。長期に痛みが続く場合は、次のような骨格の病気からくることがありますので、専門医の診察が必要です。

腰椎椎間板ヘルニア

椎間板は、丸いゼラチン状の髄核とその周囲の線維輪からできていて、椎体のいわばクッション作用をしています。ところがこの弾力に富む椎間板は、加齢とともに水分が失われ変性してきます。椎間板に強い圧力が加わると、髄核が線維輪にできた亀裂から押しだされます。これが腰椎で起こるものを、腰椎椎間板ヘルニアといいます。椎骨の前方は強い靭帯（じんたい）（前縦靭帯）に支えられていますので、髄核が飛びだすのは椎骨の後方が多く、左右どちらかに偏っています。このように髄核が飛びだしたり膨らんだりして、後方にある神経根を圧迫するために、腰に痛みが起きると考えられています。

なぜ神経を圧迫すると痛いのか、実はよくわかっていません。機械的に痛みの神経を刺激するのか、神経といっしょに走っている血管を圧迫して虚血状態になるから痛いのか、あるいはそのほかの原因で痛むのかよくわかっていません（P.80の図3-16参照）。ヘルニアを起こす場所は、第4腰椎と第5腰椎の間、あるいは第5腰椎と仙骨（せんこつ）の間に集中しています（P.122の写真3-31）。腰椎椎間板ヘルニアのおもな症状としては、腰痛のみではなく、下肢にまで痛みやしびれが放散するのが特徴です。立居よりも、前かがみや座っているときのほうが痛みは強くなります。また、坐骨（ざこつ）神経に連なる神経根が圧迫されると、太ももやふくらはぎ、足にまで痛みがおよび、いわゆる坐骨神経痛が生じます。

ほかには足の筋力低下や、ひどくなるとまひや排泄障害がくる場合もあります。ラセグー徴候（ちょうこう）といい、あお向けに寝たとき膝を伸ばして痛い足をもち上げると、健康な場合は80～90度まで上がりますが、痛みで上げられないのも特徴です。痛みが激しいときは、横になって軽く足を曲げるなど楽な姿勢で安静にします。飛びだした髄核や線維輪が、自然と吸収されてなくなる可能性もあるので、3～6カ月間は保存療法で様子を見ます。

その間は、薬物療法や神経ブロック、コルセットの装着、温熱、牽引療法などを行います。これらの療法でも神経症状が強く、日常生活に支障がでているという場合、特に運動障害をきたす場合、従来は手術を行って髄核を取り除きました。ただ、長期的な観察では手術によるほうがよいのか、あるいは保存的に治療したほうがよいのか、意見が分かれています（1、2）。硬膜外ブロック療法の長期（12年）の観察では、明らかな治療効果を認めています（3）。最近は、皮膚を切開せずに行う経皮的椎間板摘出術や、減圧術あるいは内視鏡による手術もあり、短時間で終わります。その長期的効果については、もう少し時間がかかりそうです（4）。また、レーザー療法でヘルニアを蒸発させたり、「キモパパイン」（酵素の一種）を注入して椎間板を溶解したり、凝固したりする方法もあります。それぞれ一長一短があります。また、わが国では保険の適応外の治療施設もあるので、専門医に相談する必要があります。

1　Awad JN, Moskovich R.：Lumbar disc herniations: surgical versus nonsurgical treatment. Clin Orthop Relat Res. 2006;443:183-97.
2　Weinstein JN, Lurie JD, Tosteson TD, Tosteson AN, Blood EA, Abdu WA, Herkowitz H, Hilibrand A, Albert T, Fischgrund J.：Surgical versus nonoperative treatment for lumbar disc herniation: four-year results for the Spine Patient Outcomes Research Trial（SPORT）. Spine 2008;33:2789-800.
3　Conn A, Buenaventura RM, Datta S, Abdi S, Diwan S. :Systematic review of caudal epidural injections in the management of chronic low back pain.
Pain Physician. 2009;12:109-35.
4　Manchikanti L, Derby R, Benyamin RM, Helm S, Hirsch JA.：A systematic review of mechanical lumbar disc decompression with nucleoplasty. Pain Physician. 2009;12:561-72.

症例 腰椎椎間板ヘルニア

42歳・女性、主婦

２年前ごろより腰痛や右下肢のしびれが出現し、前屈姿勢で痛みが増強。痛みのため睡眠障害もあり、鎮痛薬（ボルタレン座薬や「ロキソニン」）、睡眠薬（「レンドルミン」）で痛みに対処していました。しかし、６カ月前ごろより症状が増悪しました。神経根ブロックにて疼痛が緩和しましたが、２カ月前ごろからふたたび症状が悪化しました。鎮痛剤でも疼痛が緩和せず、腰部硬膜外ブロックを隔週１～２回、計20回施行しましたが、症状は一進一退です。11月25日、経皮的椎間板減圧術を施行し、その直後、腰痛としびれは消失しました。10カ月の経過観察では、痛みの程度8.5が2.3になりました。満足度は90％でした。

このような、鎮痛薬と神経ブロックでも痛みが取れず足のしびれが続くような場合は、手術を行うかこの症例のように最低限の外科的な侵襲で、痛みやしびれが取れる症例もあります。ケースバイケースです（写真3-31）。

写真3-31：腰椎椎間板ヘルニアのMRI写真（矢状面）

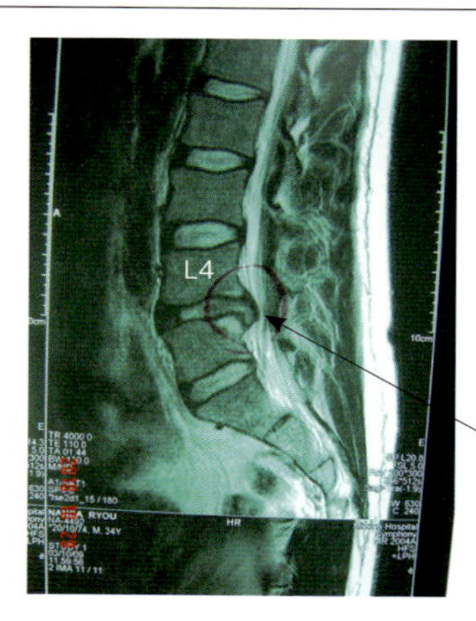

第4腰椎（L4）と第5腰椎間の椎間板髄核が、脊柱管に舌のようにはみだして馬尾（足を支配する脊髄神経）を圧迫している。そのため、腰痛と左下肢の痛みやしびれが発生。42歳のこの患者さんは、硬膜外ブロックと経皮的椎間板摘出術（ヌクレオプラスティ）で痛みが緩和した

腰部脊柱管狭窄症

腰椎の椎体と椎弓の間は脊柱管という管になっており、そこに脊髄や脊髄神経が入っています。腰部では脊髄神経が束になっており、椎間孔から脊柱管の外にでて、腰や足にいっています。この脊柱管がいろいろな原因で狭くなり、神経や血管を圧迫して痛みを起こす病気です。先天的なものや椎間板ヘルニア、脊椎すべり症、変形性腰椎症、靭帯の肥厚などが原因で、脊柱管が細くなって起こります。高齢者に多い病気です（P.124の**写真3-32**参照）。

腰痛や足の痛み、しびれがおもな症状ですが、少し歩くと足が痛んだりしびれたりして、歩けなくなることもあります。前かがみになって少し休んでいると、また歩けるようになるという状態（間欠跛行）になります。前かがみになると、脊柱管が少し広がるため楽になり、また歩けるようになると考えられています。足の血行障害（閉塞性動脈炎、動脈硬化症）でも同じような症状が見られます。血行障害でも間欠跛行が見られますが、そのほかの症状がありません。エックス線検査やMRI検査などで脊柱管狭窄症と確定します。薬物療法や神経ブロックで腰の痛みを取ったり、血行をよくして症状を改善していきます。また、腰の位置を正しく保つためにコルセットの着用が必要なこともあります。

これらの治療を続けても症状が改善されず、神経症状が強く歩けなくなったり、排尿や排便障害があるときは手術によって狭くなった脊柱管の骨を削って広げ、圧迫を取り除きます。手術での治癒率はかなり個人差や施設差があります。この病気についても手術がよいのか、あるいは保存的治療法がよいのかについては、観察の期間やリハビリテーションがどう行われたかにより報告が異なりますので（1、2）、専門家によく相談してください。

この病気にならないための予防法は、①若いときから長時間同じ姿勢で仕事をしないこと、②重い荷物を無理にもたないこと、③中腰で重いものをもち上げたり、長時間中腰で仕事を続けないこと、④交通事故や外傷で腰を傷(いた)めないこと、⑤適切な運動を日ごろから行うこと、⑥栄養に気を配り、特にビタミンDやカルシウムを多く含む食べものを摂ることなどです。

この病気になった場合に自分でできることは、①休み休みながらでも歩行をがんばって続けること、②家のなかでも身体を常時

写真3-32：腰部脊柱管狭窄症

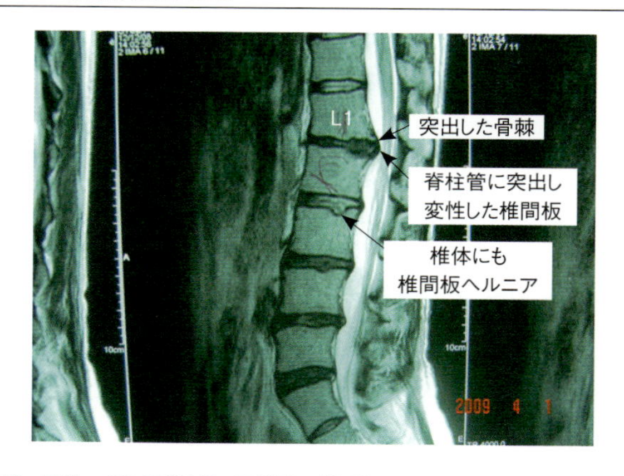

78歳・男性。第1腰椎と第2腰椎間の椎間板が脊柱管に突出して、脊髄下端を圧迫している。また、第2腰椎と第3腰椎間の椎間板が第3腰椎椎体にヘルニアを起こしている。第3腰椎以下の椎間板も変性し、脊柱管内にこぶのように突出して、脊髄神経を圧迫している

1 Chou R, Baisden J, Carragee EJ, Resnick DK, Shaffer WO, Loeser JD.:Surgery for low back pain: a review of the evidence for an American Pain Society Clinical Practice Guideline. Spine 2009;34:1094-109.
2 Ostelo RW, Costa LO, Maher CG, de VE Vet HC, van Tulder MW:Rehabilitation after lumbar disc surgery:an update Cochrane Review. Spine 2009;34:1384-48.

動かすこと、同じ姿勢で長時間（2時間以上）座らないこと、③重いものをもたない、④腰や足を温める、などです。

症例❶ 脊柱管狭窄症、脊椎圧迫骨折、椎骨変形症〜痛みによる寝たきり状態から回復・歩行まで

97歳・男性、無職（元区長）

腰痛と下肢の痛みのため、ここ数年寝たきりの生活を送っています。ベッド上に半座位の状態で、家族の介助のもとになんとか食事はしています。入院時の脊椎のレントゲン、MRIの検査の結果、脊柱管狭窄、脊椎圧迫骨折、椎骨変形を認めました。高齢を理由に自宅で在宅療法を希望したので、在宅にて1日おきに胸部および腰部硬膜外ブロックを運動療法とあわせて行いました。痛みの緩和と筋力の回復が認められ、家の中を歩行するようになり、次第に運動機能が活発になってきました。本人は意気込んでいるようで、その姿に家族は驚いている様子です。約3カ月後、家の近くを散歩するようになり、映画を見に行くのが楽しみになっているようです。

症例❷ 頚椎性神経根症、脊柱管狭窄症、腰椎椎間板ヘルニア

61歳・女性、無職

15年前ごろから、右上腕部痛、正中神経領域のしびれを訴えています。母指球筋の萎縮や、レントゲン上で見ると頚椎変性や胸椎変性、MRI検査で脊柱管狭窄があります。牽引療法と「セルタッチR」（塗布薬）、「ボルタレンゲルR」（塗布薬）やいろいろな鎮痛薬では痛みが治まらず、頚部および胸部硬膜外ブロック（計54回）にて上腕のしびれや痛みが10から2になり、腰痛10から5程度になったといいます。現在も2週間から3週おきに予防的治療として硬膜外ブロックを行い、経過観察中です。

腰椎変形症

おもに椎間板の老化（変性）によって起こります。椎間板は、老化とともに弾力を失い、やがて背骨にかかる圧力でつぶれます。その結果、椎骨の間が狭くなって、椎骨同士がぶつかったり、椎骨をつなぐ椎間関節がすり減ります。それに刺激されて椎体の周囲に骨の増殖が起こり、骨棘（こつきょく）というとげのような出っ張り（変形）が形成されます。この骨棘が神経や周囲の組織を圧迫して、痛みを起こすと考えられていますが、なぜ痛くなるかについてはいろいろと仮説があります。①骨棘が機械的に痛みの神経を刺激する、②骨棘が周囲の血管を圧迫して血流をなくして虚血状態をつくり虚血性の痛みを起こす、③周囲の組織に痛みの物質が溜まり、そのために痛みを生じるなどです（P.80の図3-16参照）。

高齢者や肉体労働者、スポーツなど腰に負担がかかる仕事をしている人にも多く見られます。腰痛や腰が重い、だるいなどがおもな症状ですが、腰をそらせる、曲げるなどの動作で痛みが起こります。たとえば朝起き上がるとき、寝がえりをうつとき、動きはじめ、長時間立ち続ける、座り続けるなどの動作でも、痛みが強くなります。骨の変形の大きさと痛みの度合いはそれほど関係なく、変形性腰椎症があっても症状がでるとはかぎりません。ただ周囲の筋肉が弱くなると、慢性腰痛症やぎっくり腰を起こすことがあります。

神経ブロック療法を中心に行い、消炎鎮痛剤の内服を控えめにします。痛みが強く、姿勢の保持がしにくいときはコルセットの着用や牽引療法、温熱療法なども行います。痛みが回復してきたら腰痛体操などをして筋肉を鍛え、仕事に備えます。

骨粗しょう症

高齢化社会を迎え、この病気が増え大きな社会問題となっています。この病気の推定患者数は1000万人以上ともいわれています。脊椎や大腿骨頸部の骨折が原因で、寝たきりになった高齢者は現在約10万人といわれ、いまやその骨折のおもな原因として、骨粗しょう症（**写真3-33**）が背景にあるといわれています。骨の塩分が少なくなってもろくなり、背中が丸くなって身長が低くなり、背中や腰が痛む病気です。骨粗しょう症になると、ものにつまずいて転び、太ももの骨のつけ根や手首を簡単に骨折します。原因としては高齢やカルシウム不足、運動不足、ビタミンD不足などが挙げられます。特に更年期を迎えた女性は、女性ホルモン（エストロゲン）が不足して骨の塩分量（カルシウム）が不足するため、男性に比べて発症しやすくなります。女性ホルモンであるエストロゲンは、破骨細胞が骨を分解する速度を調整して、骨量を維持していることがわかってきました。 更年期障害などでエストロゲンが減少すると、骨からカルシウムがどんどん溶けだしてしま

写真3-33：骨粗しょう症による腰椎圧迫骨折と椎体の変形

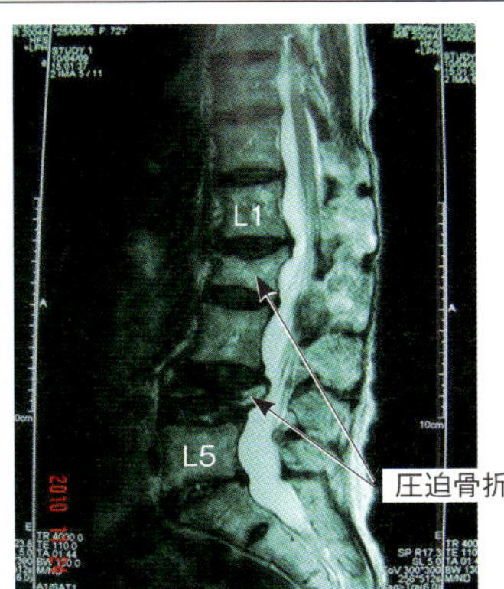

患者さんは75歳・女性、美容師。骨粗しょう症が原因で第2腰椎椎体と第4腰椎椎体が圧迫骨折している。第4腰椎は煎餅のように平たくなっている。第2腰椎は圧迫骨折と同時に変形している。椎間板も変性して脊柱管に突出し、脊柱管狭窄を発症している。食事の内容、長時間の立ち仕事などが原因と考えられる

い、骨がスカスカの状態になってしまうのです。女性で早い人は40代から、年齢が増すにつれて増加して、80代では3人に2人がこの病気にかかっているとさえいわれています。

この病気の予防法には、若いうちから骨塩量を蓄え、年をとるとともに減少するカルシウムの減少スピードを遅らせることです。そのためには、カルシウムを含む食品を摂ること、またカルシウムの吸収を促進するビタミンDを含む食品を十分に摂ったり、骨をじょうぶにする適当な運動を行うことです。1日1000ミリグラムを目標にカルシウムを摂る、1日2～3キロ歩く、戸外にでて日光に当たるなど、活動的な生活が予防には重要です。また中年になったら、骨塩量の測定をして自分の骨の状態をモニターすることも重要です。高齢者は転んだりして、しりもちをつかないように注意します。喫煙やコーヒーの飲み過ぎは要注意です。若いころの無理なダイエットも、骨塩量の蓄積を落とします。

治療はカルシウムの摂取やビタミンD製剤・ビスホスホネート製剤の服用、女性ホルモンの補充療法などが有効です。カルシウムの摂取には、ビタミンDを含んだ吸収率の高い牛乳がよいと思います。牛乳が飲めない人は、スキムミルクや小魚、緑の野菜を摂るとよいでしょう。

慢性腰痛に対する対策（自分でできる予防や治療）

慢性腰痛も、いわば生活習慣病といえます。日々の生活をどう送るかにかかっています。以下に箇条書きで示します。

①過労を避けること：重力が腰の骨や筋肉にかかってくるからです。二足歩行をした人類の腰の骨の湾曲を見ると、力学的に理想的ではありません。
②体重を減らす：肥満はもろに腰の骨に負担をかけます。

③絶えず身体を動かす：同じ体位を長く保持すると、腰の筋肉や骨の血流の円滑な配分が崩れます。その結果、筋肉の虚血部分が生じ、腰痛の原因をつくります(1)。

④できるだけ歩く：1日何歩という規定はありません。その人の体力に合わせて歩くことです。歩くことによって、腰の筋肉だけでなく全身の筋肉を動かすことにつながり、血液の流れをよくします。同時に脳の活性化にもつながります。足腰が痛くなってきたら、しばらく休みまた歩いてください(2、3)。

⑤自分に合った腰痛体操をする：いろいろな腰痛体操が考案されていますが、それぞれエビデンスがあるわけではありません。ラジオ体操からジムでの運動療法までいろいろとありますが、リハビリテーション専門医や理学療法士、作業療法士などと相談するのもよいと思います。

⑥あお向けに休む：腰の骨や筋肉にもっとも荷重がかからないのは、あお向けの姿勢です。腰痛がある場合は、この姿勢で両足の運動をしてみてください。

⑦前かがみにならない：この姿勢では、ますます腰の骨に加重がかかります。この姿勢で重いものをもつと、さらに腰に負担がかかることになります。

⑧長く同じ姿勢で座らない：座っていても、できるだけ腰の筋肉を動かすようにします。また、座ったまま重いものをもたない。前項と同じように、この姿勢でも同じように腰には負担がかかります。

⑨鉄棒などにぶら下がる：自分での牽引療法になります。ぶら下がりながら足を動かすと、より効果的です。

1　Choi BK, Verbeek JH, Tam WW, Jiang JY. Exercises for prevention of recurrences of low-back pain.　Cochrane Database Syst Rev. 2010 Jan 20;(1):CD006555.

2　Sorensen PH, Bendix T, Manniche C, Korsholm L, Lemvigh D, Indahl A. An educational approach based on a non-injury model compared with individual symptom-based physical training in chronic LBP. A pragmatic, randomised trial with a one-year follow-up. BMC Musculoskelet Disord. 2010 Sep 17;11:212.

3　Burton AK, Blague F, Cardon G, Eriksen HR, Henrotin Y, Lahad A, Leclerc A, Muller G, van der Beek AJ:European guidelines for prevention in low back pain:2004. Eur Spine J 2006;Suppl 2:S136-68.

以上は、慢性腰痛に対する一般的な対策です。慢性腰痛の原因はいろいろですので、個々の病気によってはかならずしも適応しないことがあります。

膝はなぜ痛くなるのか？——さまざまな膝の痛み

ランナー膝は「膝蓋大腿骨疼痛症候群」や「膝蓋大腿骨ストレス症候群」「前膝疼痛症候群」などとも呼ばれます。この病気は、膝を動かすと特に走るときに膝の皿（膝蓋骨）の裏側と太ももの骨（大腿骨）の下端がすれ合って痛む状態と考えられています。膝蓋骨は円形の骨で、膝の周囲の靭帯や腱がつながっていますので、正常な状態であれば膝蓋骨はわずかに上下に動き、大腿骨に触れることはありません（図3-34）。

歩いたり走ったりしているときに足を過度に動かすと、膝関節が内側にねじられ、膝蓋骨を内側に引っぱります。一方、膝蓋骨についている大腿四頭筋は膝蓋骨を外側に引っぱります。このように相反する力がかかることで、膝蓋骨の裏側と大腿骨の末端部がすれて痛みを起こすと考えられています。米国では10代の若者の3分の1が本症候群を訴えるようです。あまり運動をしなくなった、わが国の若い人の場合はどうでしょうか？　気になるところですが、データがないのでわかりません。

ランナー膝は構造的な異常が原因で起こることがあり、たとえば膝蓋骨の位置が正常よりも高すぎるか低すぎる、膝蓋骨と筋肉の位置のずれ、正常なら膝の安定に役立つ太ももの筋力が弱い、ふくらはぎの筋肉が弱い、アキレス腱が硬い、といった原因があることがあります。太ももの筋力が弱いために、膝蓋骨が横に動いて太ももの骨とすれてしまうとの考えもあります。また歩行中やランニング中に、足の小指側に体重がかかりすぎる状態などが考えられます。

痛みや腫れがランニング中に起こり、膝蓋骨の裏側辺りに集中します。最初は下り坂でだけ感じられた痛みが、次第にどこを走っていても起こるようになり、やがて走る以外の動き（特に階段を下りるとき）でも痛みをともなうようになります。

痛みが治まるまでは、走るのをやめることです。その間でも自転車こぎやボートこぎ、水泳などは行うことができます。筋肉の弱さが原因の場合は、太ももの裏側の筋肉と前面の筋肉（大腿四頭筋）のストレッチ運動や、膝蓋骨を内側に引っぱる筋肉（内側広

図3-34：ランナー膝（膝蓋大腿骨疼痛症候群）

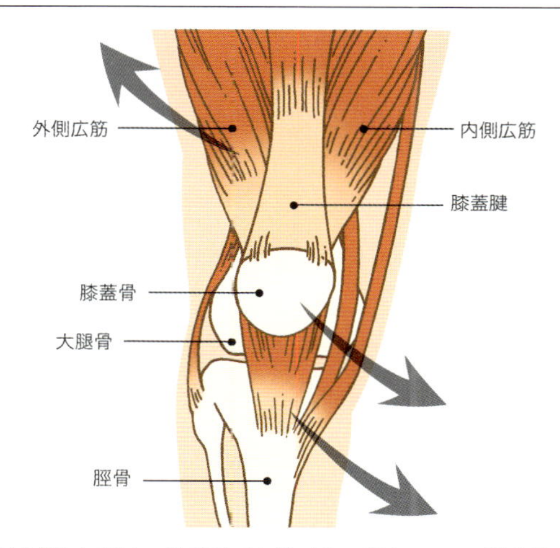

膝関節が内側にねじられ、膝蓋骨が内側に引っぱられている。膝蓋骨についている大腿四頭筋（内側広筋、外側広筋）は膝蓋骨を外側に引っぱっている。このように相反する力がかかることで、膝蓋骨の裏側と大腿骨の末端部がすれて痛みを起こすと考えられている

筋)を強化する運動が有効といわれています。また専門医に相談し、靴の土踏まずの部分などに、足に合った中敷を敷くと有効なことがあります。痛みが強い場合は、消炎鎮痛剤の内服や局所を冷やす、サポーターで半固定するなどで、おおかたは経過がよいようです。一部、構造的な病気の場合は手術の適用となります。

変形性膝関節症

この病気は、筋力の低下や加齢、肥満などがきっかけになり膝関節の軟骨や半月板のかみ合わせがゆるんだり、変形したり、断裂が起こり、時には炎症によって関節液が過剰に溜まり、痛みをともなう病気です。わが国では、患者数が約700万人と推定されています(厚生労働省の調査による)。50歳以上の女性で74.6%、男性で53.5%が変形性膝関節症の患者であるとされています(吉村、2005年)。膝関節のクッションの役目を果たす膝軟骨や半月板が、長期間に少しずつすり減り変形することで起こるもの(一次性)と、関節リウマチや膝のケガなど、ほかの原因によって引き起こされるもの(二次性)があります。正常な膝ではヒアルロン酸を含んだ関節液が関節間を満たし、膝のなめらかな動きと栄養補給の役割を果たしています。また靱帯は、関節の骨と骨をつないで安定化させています。最初、関節軟骨が障害を受け、やがて障害の範囲が半月板の断裂や靱帯の障害などへと進行します。それによって関節炎が起こり、過剰に関節液が溜まる膝関節水症を引き起こしたりします。すると関節内のヒアルロン酸濃度は低下して、なめらかさをさらに失ってしまいます。初期には、階段の昇降時や歩きはじめに痛んだり、正座やしゃがむ姿勢がつらくなります。病気の進行とともに、起床時の膝のこわばりや、関節の炎症を起こします。さらに進行すると、大腿骨と脛骨が直接こすれることで激しい痛みが生じ（図3-35）、歩行が困難になって、場合によっては膝の痛みが取れない状態になることもあります。

O脚との関連も指摘されています。病気の機序はまだよくわかっていませんが、加齢とともに発症しやすく、中高年の肥満の女性に多く見られます。血液検査で血糖値が高ければ、糖尿病や神経障害性関節症も疑われます。消炎鎮痛薬の内服や装具装着、リハビリテーションなどの保存療法で効果がない場合は、手術療法が選択されます。この病気は生活習慣が1つの原因である場合が多く、過度な運動を避け、食生活の改善や減量などが必要です。同時に適切な運動を行って筋力を維持し、膝への負担を減らす

図3-35：変形性膝関節症（縦断して示したもの）

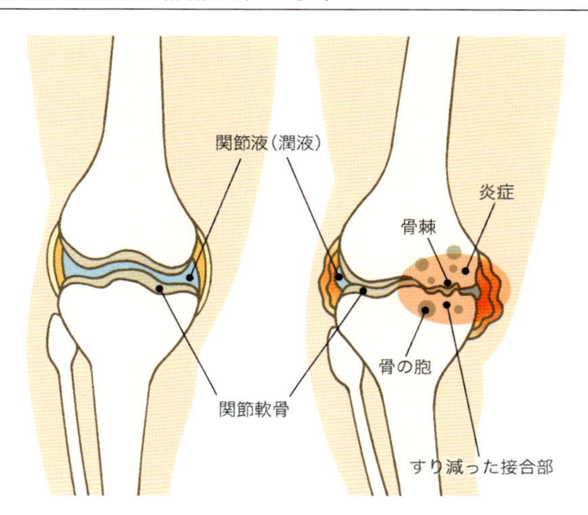

（左）正常な膝関節／（右）変形性膝関節症の膝関節。関節の軟骨がすり減って関節腔が狭くなり、骨同士がくっついている

ことも効果的です。それだけで痛みが減少したり、進行を遅らせる効果があります。手術では関節鏡で行う簡単な手術と、膝関節の骨そのものを人工関節に置き換える手術があります。

リウマチ性膝関節炎（膝の関節リウマチ）

変形性膝関節症と異なり、この病気は20歳から50歳代の間に発病します。なんのきざしもなく突然発病することが多く、症状は何年もかけて徐々に進行します。体の両側の関節やほかの関節にも、同時に発生することが特徴です。痛みが起こる部位が移動して、指の関節や手首、肘、肩を含めてあらゆる関節に発生します。痛みだけでなく、関節の腫れやほてり（炎症）が見られ、特に朝にこわばります。体重のかかる下肢の関節、特に膝が多く、次いで股関節に多く見られます。関節の痛みと同時にしばしば全身のだるさや疲労感、急にやせたり発熱をともないます。女性に多く（75％は女性）、自己免疫疾患です。遺伝的な素因が疑われていますが、まだはっきりしていません。

また心臓や皮膚など、ほかの組織や臓器に影響を与え、疲労や体重減少、インフルエンザに似た症状などがあります。炎症が進行すると、滑膜（かつまく）の損傷や関節の永久的な破壊につながります（図3-36）。この病気の70〜80％の人に、血液検査でリウマチ因子（シトルリンペプチド抗体）が陽性になること、炎症を示す赤血球沈降速度が速くなって、血液の中のC反応性たんぱく質（CRP）が高レベルであることなどで診断がつきます。骨破壊の程度の検出は磁気共鳴画像（MRI）検査が有用です。また、関節液の炎症物質の分析も診断の証拠になります。

関節リウマチは、初期にできるだけ積極的な治療を行うと、進行をかなり遅らせることがわかっています。早期に積極的な治療を行えば、膝の痛みのほとんどは管理することができます。治療は痛みを取ることと抗リウマチ薬の内服、ステロイドなどです。ただ、ステロイドの長期の使用は、あまりすすめられません。薬の選択については専門医との相談が必要です。

手術でリウマチの炎症によってできたふくろの炎症（嚢炎（のうえん））などを摘出して（滑膜切除術）、痛みや運動障害をやわらげることができます。壊れた関節を切り取って人口関節と置き換える（人工関節置換術）、壊れた関節を固定して安定させ痛みを取る（関節固定術）、変形の進んだ足指の関節を切り取って矯正する（関節切除術・形成術）、切れた腱をつないだり移植をする（腱形成術）手

図3-36：関節リウマチの病変

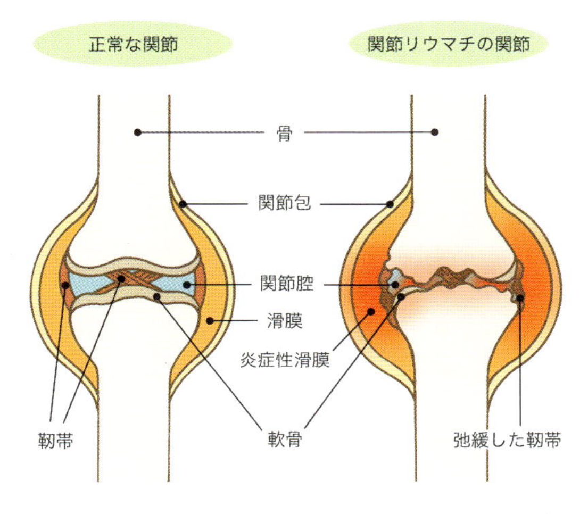

（左）正常な関節。軟骨はクッションの役割を、関節液は潤滑油の役割をしている／（右）関節リウマチの関節。炎症によって滑膜が厚くなり軟骨をおおい、骨や軟骨や靭帯が破壊されてしまう

術などがあります。リハビリテーションでは運動療法や物理療法、作業療法、装具の着用などで生活の質の改善をはかります。

またペインクリニックでは、下肢の血のめぐりをよくすることと、痛みを緩和する目的で腰部交感神経節ブロックや硬膜外ブロックなどが行われています。自分でできることは、1日数回腕や足の関節をできる範囲で動かす、自分で動かせない場合は人に動かしてもらう、関節や全身を動かす「リウマチ体操」などがあります。身体が温まるお風呂での体操や、関節に負担をかけず運動できる温水プールで運動する方法などがよいと思います。

自立した生活を送るために必要な、入浴・食事・排泄・移動・衣服の着脱・家事などの日常動作をチェックして、自分の状態を把握しておくことも大事です。頸椎に症状があって亜脱臼を起こしている場合は、首の過剰な運動は危険なので注意を要します。

足はなぜ痛くなるのか?
——さまざまな脚部の痛み

膝から下の痛みの原因としては、さまざまな病気が考えられます。骨格の病気や神経からくる病気、代謝性の病気からくる合併症、血管の病変による病気、腫瘍などです。足の骨や腱、筋肉の病気は、人が二本足歩行することで無理がきていることによる場合がほとんどです。

外反拇趾

足の親指が外側(小指側)に曲がる病気です。**外反拇趾**(がいはんぼし)はおもに偏平足(へんぺいそく)(土踏まずがない足)や開張足(かいちょうそく)(足の甲の部分が横に広くなっている状態)など、足の形の異常に履きものの不具合や生活習慣が加わって発生すると考えられています。 曲がりがひどくなると足が痛くて歩けなくなったり、足が変形してふつうの靴を履くことができなくなったりします。それでも無理に靴を履いて足をかばうような歩き方をしていると、足が疲れやすくなって膝や股関節まで痛むようになります。さらに姿勢が悪くなり、肩こりや頭痛まで起こることがあります。一度外反拇趾になると、自然にもとに戻ることはありません。痛みが軽くなっても油断すると数年後には変形してさらに強い痛みがでてくることになります。

病気が進むと、親指以外の指も外側に曲がり、脱臼したりして指を伸ばすことが困難な状態になる場合もあります。こうなると、手術しか治療の方法はなくなります。ひどくなる前にゆるめの靴を履いたり、装具をつけて病気の進行を抑えることです。

足にはかかとと親指のつけ根と小指のつけ根を支点にした3つのアーチがあります（図3-37）。土踏まず（内側縦アーチ）のほかに、

図3-37：足の3つのアーチ

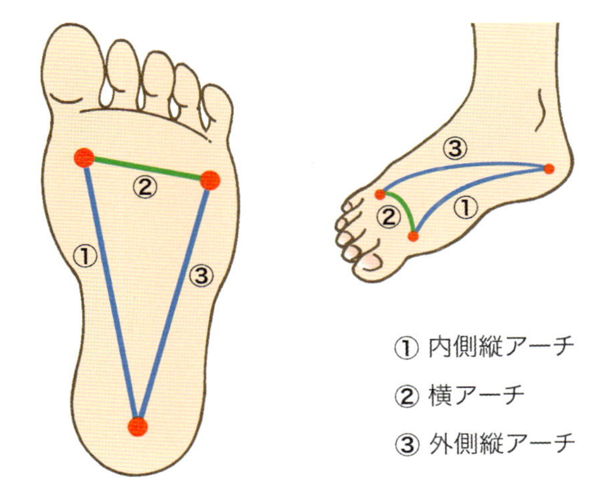

足親指（母指）と小指の間の横アーチ、小指とかかとの間の外側縦アーチがあります。この3つのアーチがしっかりしていると、クッションの効いたバランスのよい足ということになります。このアーチが崩れると、疲れや足の裏の痛みなど足に障害がでるだけではなく、外反拇趾や中足骨骨頭痛など、足の痛みのみならず、膝痛・腰痛・身体の骨格のゆがみや筋肉痛などの原因になることがあります。

疲労骨折

疲労骨折も足の痛みの原因の1つです。疲労骨折というのは、それほどでない力が骨の同一部位に繰り返し加わることにより、発生する骨折のことです。すなわち金属疲労のような骨折です。走ったり跳んだりする運動で、下腿骨に発生することが多いといわれています。運動選手などによく見られます。疲労骨折部分が腫れ、運動すると痛み、休むと痛みがなくなるのが特徴です。

疲労骨折していても、初期のころではレントゲンを撮っても映らないことも多いので、異常がなくても動くと足が痛んだり足が腫れている場合は、疲労骨折が疑われます。運動もしばらくの間は中止し、できるだけ安静をはかり、ギプスやテーピングで患部を固定する必要があります。2〜3週間で痛みや腫れは治癒します。痛みが強い場合は、抗炎症鎮痛薬の塗布や服用をします。

転倒による骨折

高齢者は転倒しやすくなります。運動機能が落ちるからです。骨折の程度や場所によって、保存的に治療したほうがよいか、手術したほうがよいかは専門家でないと判断できませんので、打撲した部分の痛みが続いたり、動かすことができないなどの症状や血腫がある場合は、専門家を訪ねてください。

高齢者は骨折が原因で寝たきりになる場合がありますので、注意してください。転ばぬ先の杖です。早めに杖や歩行器の使用をすすめます。高齢者は骨がもろくなっているため、大腿骨の頚部骨折や上腕骨の頚部骨折、橈骨の手に近い部分の骨折、脊椎骨の圧迫骨折などがよく起こります。

高齢者だけでなく、骨粗しょう症があったり、ステロイド薬を長期に渡り用いた治療をしていたり、化学療法を行っている患者さんは要注意です。

痛風

尿酸が血液に溜まる（高尿酸血症）ために関節炎をきたす病気です。病名は、風が当たっただけでも痛むからとの説があります。痛風発作は最初、足の親指（母指）のMP関節（足の指のつけ根の

写真3-38：母指のMP関節が変形した痛風患者の足（左）

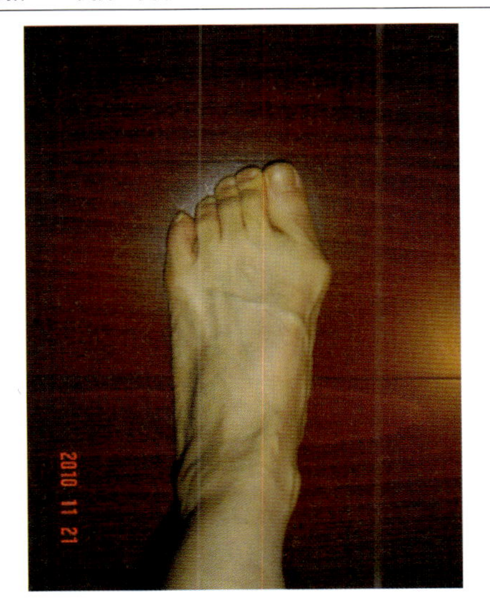

関節）によく発症します（P.139の**写真3-38**参照）。関節に激烈な痛みが起こり、局所の発熱をともないます。病状が進むと足関節や膝関節まで進行します。痛風を発症する患者さんの75％に、非発作時でも血液検査で高尿酸血症が見られます。しかし、この値が正常だからといって痛風を否定することはできません。

この病気の関節炎は、関節の袋（関節包）の中に析出した尿酸結晶に対する炎症反応です。したがって、高尿酸血症がその原因の1つです。ただ、高尿酸血症の患者で実際に痛風を起こす患者はごくわずかです。痛風を起こすことになる直接の原因は別にあるとする考え方にもとづいて、高尿酸血症の患者に尿酸値を下げる薬を処方しない臨床医もいます。実際、痛風発作は高尿酸血症の治療薬によって、急激に尿酸値が低下したときにも起こることがあります。

患者の90％以上が男性で、ビールを多く飲む人はもっともリスクが高くなります。尿酸とはプリン体と呼ばれる物質の代謝産物であり、プリン体を多く摂取すると、高尿酸血症さらには痛風の引きがねとなると考えられます。肉や魚に含まれるプリン体は痛風のリスクを高めますが、野菜に含まれるプリン体（豆類）は高めません。砂糖の多いドリンクやフルーツジュースの摂取も、痛風のリスクを増大させます。

ただし、食事によって痛風の発作を予防することはきわめて困難です。そのほか、精神的ストレスや水分摂取の不足も、発症の引きがねとなります。日常的に意識して水分を多めに摂り、血中の尿酸を排尿によって体外にだすことで、尿酸濃度を低く保つことがすすめられています。関節穿刺液（せんしえき）検査による白血球（多形核細胞）の増加と尿酸結晶の検出で、85％程度証明できます。

治療としては、好中球の活動を抑制する薬（「コルヒチン」）や抗炎症鎮痛薬の内服、患部の管理（安静保護）、水分を多く摂りゆるやかに尿酸を排出すること、尿酸値上昇要因の排除の5つの手法です。疼痛が強い時期の患者さんでは、患部を動かすことや入浴は禁忌です。また発作1カ月以内には、尿酸値を下げる薬を服用しないことです。この時期には、尿酸値を下げる薬が痛風発作を引き起こす可能性があるからです。

予防として、高尿酸血症の患者さんは予防的に尿酸産生抑制剤である「アロプリノール」や、尿酸排泄促進剤である「ベンズブロマロン」や「プロベネシド」を服用すると、高尿酸血症を改善します。過量の飲酒を控え、プリン体の摂取を控えめにする、十分な水分の摂取、尿をアルカリ性に保つ、運動、ストレスの解消などがすすめられています。 最近、遺伝的な素因との関連も指摘されているので、親兄弟にこの病気がある人は、特に日常生活に気をつけることです。

利尿作用のある緑茶・紅茶・コーヒーなどを多めに摂取して大量に排尿すれば、それだけ大量の尿酸が体外に排泄されることにもつながります。しかし利尿作用も度が過ぎると、脱水症状を起こしてかえって症状が悪化したり、尿路結石ができる可能性があることも指摘されています。具体的には、散歩などの有酸素運動や低塩分、カロリーが少なめな食事、カリウムを多く含む食品（海藻など）の摂取、十分な水分補給と入浴、十分な睡眠などが予防・治療的効果があるとされています。

足底踵痛症候群

踵骨棘（しょうこつきょく）（図3-39）というかかとの骨の異常な増殖です。かかとの骨が腱や骨に付着しているすじ（筋膜（きんまく））が過度に引っぱられた結果、起こるとされています。踵骨棘はよく見られますが、ふつう痛みは起こしません。しかし、周囲の組織に炎症が生じると痛みが起こります。

初期症状として、起床後歩きはじめるときに痛みに気づくことが多いようです。また、長い間座っていたあと、歩きはじめたときなどにも起こります。この痛みは、かかとの裏の土踏まずがは

図3-39：踵骨棘の異常な増殖（足底踵痛症候群）

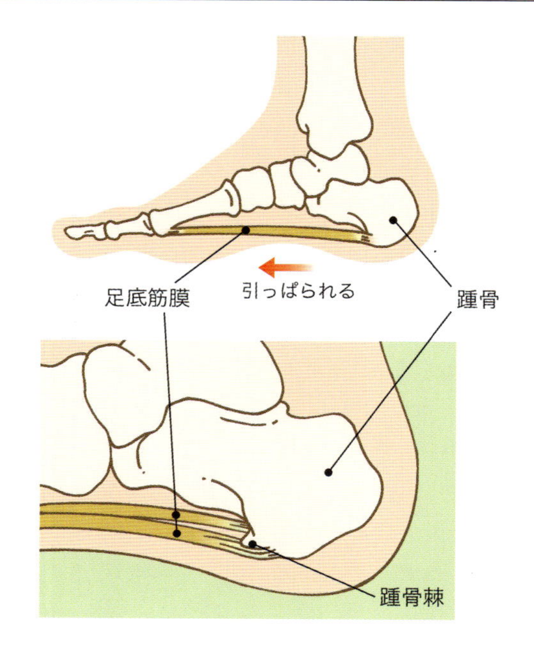

じまるところを押すと痛みが生じますので、診断がつきます。かかとの中心部を押しても痛みがあれば、アキレス腱滑液包炎（けんかつえきほうえんしょう）（次項参照）を起こしていることを疑います。

治療は痛みの軽減が目的となります。足や土踏まずの部分にパッドを詰めたり、テーピングや矯正用具を使用してかかとを安定させます。そうすれば筋膜の伸びが最小限になり、痛みを軽減することができます。かかとのクッションや底のやわらかい靴を補強するのも役に立ちます。また、ふくらはぎのストレッチやマッサージも有効です。痛みが強い場合、ステロイド薬と局所麻酔薬の混合液を痛む部位に注射する方法もあります。

ほとんどの痛みは、手術をすることなく解消します。手術として骨棘の切除や、かかとの裏側の骨棘の部分から足指の根元まで伸びている組織の束（足底筋膜）の切除などは、ほかの治療法では持続的な痛みが改善されない場合にかぎって行われます。時には手術後も痛みが続くこともあります。

●アキレス腱滑液包炎: アキレス腱の付着部で、踵骨の後の上のほうにあり、アキレス腱と踵骨の間にはさまれている滑液包が、この部分への機械的刺激によって炎症を起こしたものです（P.144の図3-40参照）。靴などの刺激によるものが多く、若い女性に多いのが特徴です。急性期にはかかとの後上方の部分に発赤と腫れが見られますが、慢性化すると固く厚くなってきます。足の関節を足の背のほうに屈曲したときなどに痛みが起こったり、局所の圧痛を訴えます。

アキレス腱滑液包炎は、その症状と診察の所見から診断できますが、骨折や関節リウマチやそのほかの関節炎と鑑別する必要があります。

炎症を軽くし、かかとの圧迫を減らすように靴を調整したり、ラバーやフェルトでできたパッドを靴に挿入すると、かかとへの圧力が軽減します。ふくらはぎを伸ばすような靴を使用したり、滑液包の周囲にパッドを敷いたりするのも効果的です。

また、かかとの後ろやアキレス腱の炎症をやわらげる靴も、いくつか販売されています。痛みが強いときは非ステロイド性抗炎症薬の塗布や、ステロイド薬と局所麻酔薬の混合液を、炎症が起きている滑液包に注射する方法などがあります。痛みが持続する場合は、かかとの骨の一部を切除します。

図3-40：アキレス腱滑液包炎

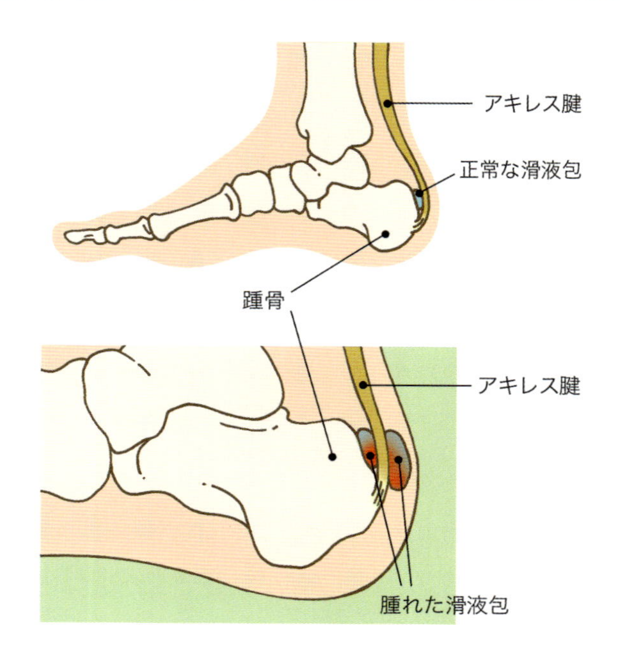

そのほか、母指球(足裏の親指のつけ根のふくらんだところ)の痛みにはさまざまな原因(関節炎、血流障害、足の指の神経の締めつけ、中足骨(図3-41)の長さと位置の異常など)が考えられます。

しかし、もっとも多いのは神経の損傷か、中足骨痛症と呼ばれる加齢にともなう足の変化が原因で起こる痛みです。母指球の痛みは、神経を包む組織の増殖(神経腫)によっても起こります。これらの増殖は足のどの指にも起こりえますが、通常は第3趾と第4趾の間に起こります(モートン神経腫、P.146の写真3-42参照)。

図3-41：裏側(左)と背部(表)(右)から見た人の足の骨

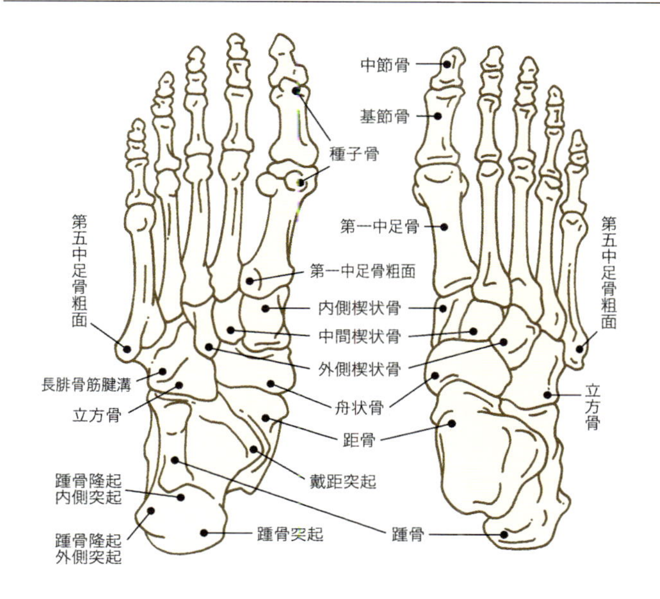

●神経腫: 通常片足のみに発生し、男性よりも女性に多く見られます。早期には、神経腫は第3趾と第4趾の周囲に軽い痛みを起こし、ときに足指に焼けるようなヒリヒリする痛みが起こります。この痛みは、つま先側が窮屈(きゅうくつ)な先のとがった靴を履いたときに顕著に起こります。症状が進行すると、どんな靴を履いていてもつま先から広がる焼けるような感覚が持続するようになります。母指球の中にビー玉や小石が入っているように感じる人もいるようです。

治療としては、痛みを感じる部位にステロイド薬と局所麻酔薬の混合液を注射して、矯正用の靴を履くと、症状は軽くなります。

写真3-42: モートン病

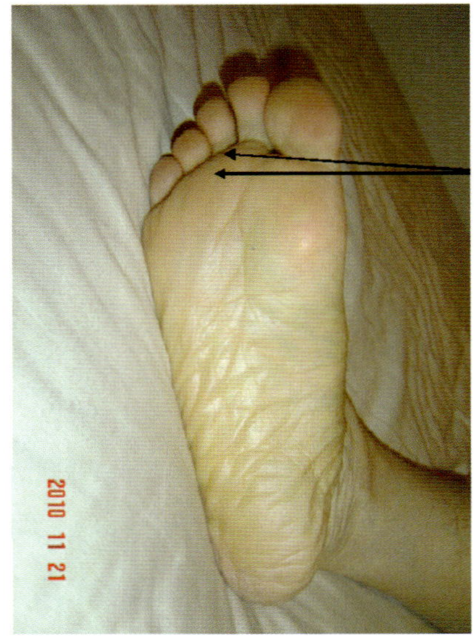

71歳・男性。第3趾と第4趾(中指、薬指)のつけ根の痛み、しびれがきている。ステロイド薬と局所麻酔薬の混合液を注射したが、なかなか痛みが取れず、腰部硬膜外ブロックを同時に行い、約1カ月で改善

効果が認められなければ、手術で神経腫を切除すると、痛みは解消しますが、その部位のしびれが長く続くこともあります。

● **中足骨痛症による痛み**：加齢にともない、中足骨頭（中足骨の先の部分、P.145の図3-41参照）の衝撃をやわらげる、保護パッドの役割をする脂肪が減少するために起こります。放置すると、それぞれの趾（足指）の中足骨頭の下に位置する関節の袋（滑液包）に炎症が生じます（中足骨滑液包炎）。治療では、クッションを入れた特別な靴を使うか、重心を母指球から足全体に分散させる矯正用の靴を履くのがよいでしょう。

● **つま先の関節痛**：母指を除く4本の趾の関節の痛みはよく見られ、関節がずれることで起こるとされています。このずれは、足の縦のアーチが高かったり低かったりすることが原因で、足指が曲がったままの状態になります（ハンマー足指）。こうなると曲がった足指が靴とのまさつを常に生じ、その関節上の皮膚が厚くなって魚の目ができやすくなります（P.148の図3-43参照）。

治療としては足の指の関節のずれによる圧迫を取り除くため、深めの靴を履く、つま先部に保護用のあてものをする、その人の土踏まずの形に合った中敷きを敷く、曲がった足指を外科手術によりまっすぐに伸ばす、魚の目を削るなど、症状に合わせて行います。

● **強直拇趾**：親指のつけ根に慢性的な関節炎（「変形性関節症」を参照）があると、よく見られます（P.149の図3-44参照）。偏平足（足の縦のアーチの落ち込み）や足親指が長い人、内股の人はこの病気を起こしやすいと考えられています。立ったり歩いたりして足の縦のアーチが低くなると、足が内側を向いてしまいます（回内という）。

このような足の回内によって、しばしば親指の関節の負荷が増

図3-43： ハンマー足指（趾）、マレット趾、かぎづめ趾

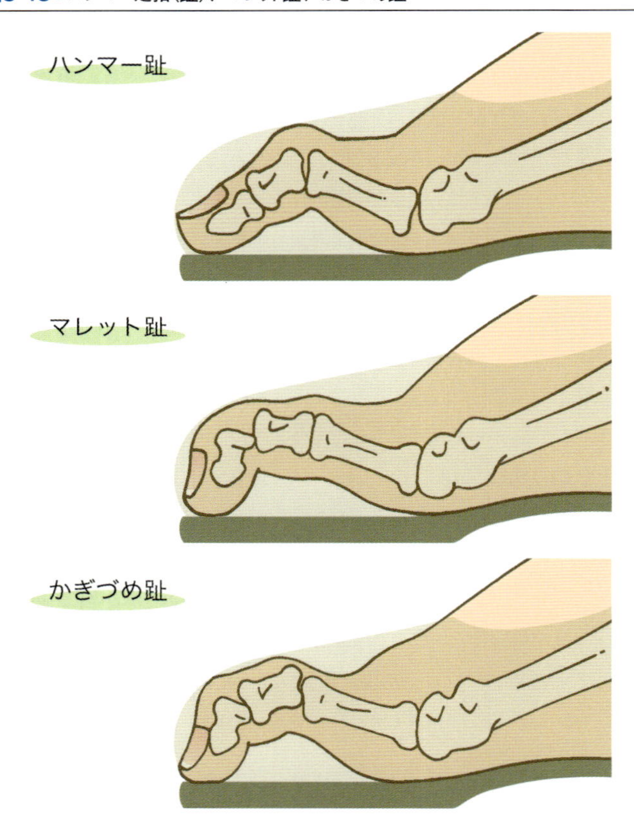

「ハンマー趾」は、足の第2指、第3指、第4指によく見られる状態で、趾先が曲がって伸ばせなくなる。足に合わない靴を長年履いた結果、起こるとされる。「マレット趾」は、趾の第1関節で下向きに折れ曲がった状態。ハンマー趾もマレット指も、ハイヒールを履いたときなど、よくない趾の姿勢で起こる。
「かぎづめ趾」は、足の神経の障害、たとえば糖尿病性神経炎やリウマチ、アルコール中毒、脳卒中などで見られる

えるため、痛みや変形性関節症を発症したり、関節の運動が制限されることになります。この痛みは足に合わない靴や、やわらかすぎる靴を履くことで悪化し、足の親指を動かすと痛みます。靴底の固い補強してある靴が痛みの緩和に役立ちます。

放置すると、次第に歩くときに親指が曲げられなくなります。痛風も同じ部位に激しい痛みを生じますが、痛風の場合は親指のつけ根に触れると熱感があります。治療としては、局所麻酔薬を痛い部位に注射すると痛みが軽減し、筋肉のけいれんも起こらなくなり、関節が動かしやすくなります。

炎症を抑えるためにステロイド薬が有効なこともあります。注射で痛みが取れないときは、手術で関節のずれを治すと痛みの軽減が得られることもあります。

図3-44： 高度の強直拇趾、外反拇趾

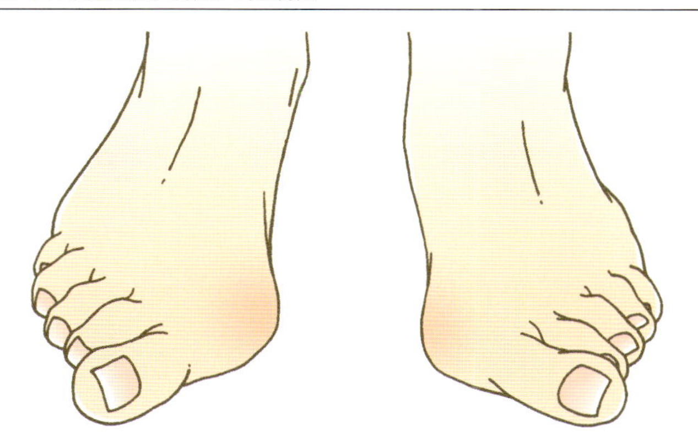

第1中足骨が内反し、第1中足趾節関節で母指基節骨が外反し、中足骨骨頭が内側に膨隆し「く」の字型の変形を起こしたもの。両側の母趾が外側にMP関節の部分で強く折れ曲がっている

複合性局所疼痛症候群（CRPS）

身体のほかの部位にも発生しますが、足に多いのでここで説明します。複合性局所疼痛症候群（CRPS）とは、骨折や捻挫、打撲などの外傷や手術による神経損傷をきっかけとして、慢性的な痛みと腫れ、皮膚温の異常、発汗の異常などの症状が起きる、難治性の慢性疼痛症候群です（写真3-45）。以前は症状の軽いものを「反射性交感神経ジストロフィー」、また重いものを「カウザルギー」と呼んでいました。1994年、国際疼痛学会（IASP）の慢性疼痛の分類で「反射性交感神経ジストロフィー」と「カウザルギー」は、それぞれCRPSタイプⅠ、タイプⅡにまとめられました。

「複合性」とはこの病態の患者さんのそれぞれにおいて、痛みが増悪する経過中に、症状がダイナミックに複合的に変化することを意味します。時期によっては自律神経症状が主であったり、あるいは炎症症状が主であったり、皮膚症状や運動障害、さらに栄養障害（ジストロフィー）が発生します。また、IASPは2005年に新しい診断基準をだしました。CRPSの多くは、交感神経系の興奮にともなって痛みが悪化します。したがって、交感神経ブロックが奏効することが多いのですが、なかには交感神経ブロックで、症状がかえって悪化するABC症候群というものもあります。

CRPSの診断基準は痛みの治療を専門とする臨床医の合意によって決められたものですが、すべてのCRPSに共通する症状などもないので、「反射性交感神経ジストロフィー」や「カウザルギー」という用語が、いまなお使われています。

この病気のメカニズムも、なぜ個人によってこの病気の症状が違うのかも、まだわかっていません。障害を受けて神経が損傷すると、損傷を受けた部位から末梢の神経はいったん死んでしまいますが、中枢寄りの神経は傷を負って異常に興奮します。ふつうはしばらくするとその興奮も落ち着きを取り戻すのですが、なかには興奮しっぱなしという神経があったりします。その神経は、興奮の信号をより脊髄へ向かってどんどん送り込み、そのときに

写真3-45： 複合性局所疼痛症候群（CRPS）タイプⅡを発生した52歳・女性の左足の症例

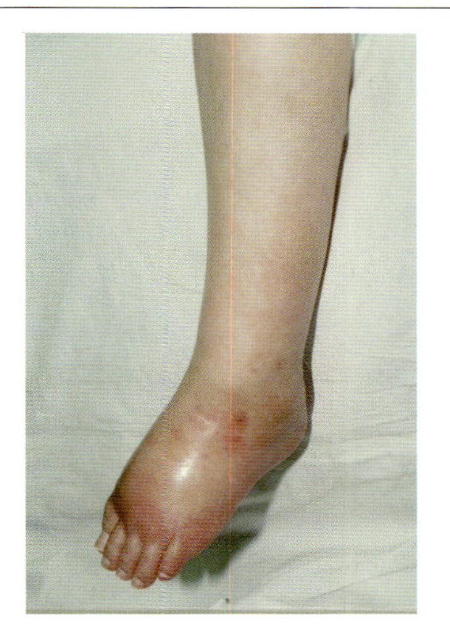

2年ほど前、外傷によって左足を強く打撲。以来、左足の痛みが続いている。ハリやリハビリテーションなどを受けたが、痛みが取れない。足背や足裏に触れるだけで、強い痛みがくる。松葉杖で左足がつかないようにして片足歩行。寝るときも左足が床に当たると痛いので、左足だけベッドから外している。発汗テストをするも反応なし。腰部交感神経ブロックにも反応せず、かえって悪化する。やむなく後根進入部凝固術を行い、緩和。しかし痛みの神経がまったく機能しないため、先天性無痛無汗症などに見られるように、くぎなどを踏んでも痛みを感じず、熱傷や外傷が左足に起こるようになった

近くを走っている交感神経と電気的にショートして、関係ない交感神経まで同時に興奮に巻き込んでしまい、交感神経系が連続的に興奮して、痛みとともに異常交感神経活動が開始すると考える研究者もいます。

治療法としては、腰部交感神経節を神経ブロックして、足の血管を広げ血のめぐりをよくすることで、多くは緩和します。薬物療法としては、抗炎症鎮痛薬や抗うつ薬、抗けいれん薬「オピオイド」などが用いられます。軽症には経皮的神経電気刺激療法、重症には硬膜外脊髄刺激療法が効果的な場合もあります。リハビリテーションとして、運動療法や自分で身体や関節を動かすことも必要です。

神経障害性疼痛（ニューロパシックペイン）

神経障害性疼痛は、末梢神経系あるいは中枢神経系における損傷または機能障害が原因と考えられています。たとえば神経圧迫（神経腫や腫瘍、椎間板ヘルニアなどによる）およびさまざまな代謝性の神経障害などがあります。メカニズムとしては、再生した神経膜のナトリウムチャネルの数が増加することが関係すると考えられていますが、まだわかっていません。

組織損傷と比べて不つり合いな痛み、たとえば焼かれるような痛み（灼熱痛）、刺されるような痛み（刺痛、痛覚過敏）、アロディニア（ほかの刺激、たとえば触るだけでも痛く感じる）、ヒペルパチー（不快でないふつうの刺激に対しても不快に感じる）などが見られます。また、局所の交感神経系の過活動が見られることがあります（交感神経依存性疼痛）。帯状疱疹後神経痛や神経根引き抜き損傷、有痛性外傷性単神経障害、有痛性ポリニューロパチー

（糖尿病などによる）、中枢性疼痛症候群（たとえば脳卒中後）などもあります。

なお、手術後疼痛症候群（たとえば乳房切除後症候群や開胸術後症候群、幻肢痛など）および複合性局所疼痛症候群（「反射性交感神経性ジストロフィー」および「カウザルギー」）をこの病気のなかに入れることもあります。症状は長期間続き、痛みの原因を取り去っても症状は持続します。その機序は痛みの記憶と関係し、脳や脊髄に新しい神経網ができるからとの考えもあります。

末梢神経に病変があれば、痛みの部位の栄養変化や運動しないことによる萎縮（廃用性萎縮）、関節強直の予防に運動が必要です。圧迫を軽くするために手術が必要なこともあります。心理的因子に作用されやすいので、治療開始時から常に考慮して行います。不安や抑うつに対しても同時に治療が必要です。

機能障害がすでに確立している場合は、ペインクリニックによる神経ブロック療法を中心とした包括的なアプローチが、患者にとって有効となりえます。また、リハビリテーションおよび心理社会的問題に配慮しながら治療する必要があります。この病気には「オピオイド」（麻薬）が少しは効果がありますが、治療にはしばしば補助薬（例：抗うつ薬、抗けいれん薬「バクロフェン」、外用薬）が必要です。

抗うつ薬および抗けいれん薬は、もっともよく使用されています。有効性について、数種の三環系抗うつ薬および抗けいれん薬の「リリカ」「ガバペンチン」な

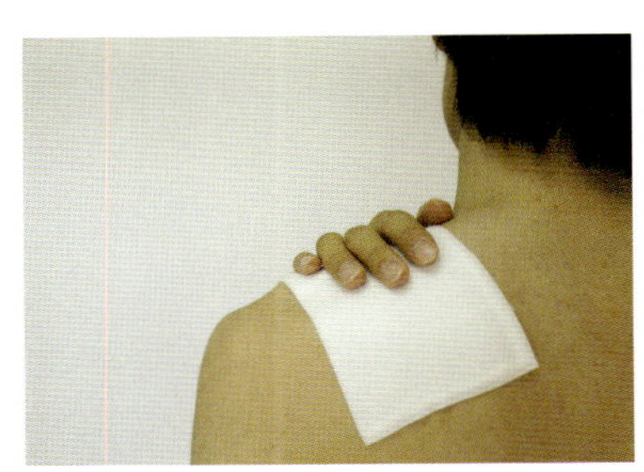

©MaMi-Fotolia.com

どについては証明されています。湿布や塗り薬（外用薬）および局所麻酔薬を塗ったパッチは有効なことがあります。

足の血管の痛みとしては、閉塞性動脈硬化症や深部静脈血栓症、下肢静脈瘤などがあります。

閉塞性動脈硬化症

閉塞性動脈硬化症は、おもに酸素や栄養分を運ぶ動脈が詰まる病気です（図3-46）。足の動脈が途中で詰まれば、詰まったところから足の指まで、血液が十分には流れず、酸素不足や栄養不足となります。

ある距離（特に坂道）を歩くとふくらはぎにこりや痛みを感じ、休むと痛みが改善してふたたび歩けるようになる症状です。これを間欠性跛行といいます。病気が進行すれば、ごく短い距離でも痛みを感じるようになり、さら悪化すれば、足が冷たく、安静時でも痛み、皮膚の色が紫色になり、傷が治りにくい、足の指やかかとに潰瘍ができるなど、壊疽（えそ）と呼ばれる状態になります。

閉塞性動脈硬化症を診断するのに、もっとも簡単で確実な検査は、足の動脈の拍動に触れるか、手の指を当てて脈拍を確かめることです。拍動を感じなければ、動脈が詰まって十分血液が流れていないことを意味します。触れることができる場所は、足のつけ根（大腿動脈）、膝の裏（膝窩（しっか）動脈）、くるぶしの後ろ側（内顆動脈）、足の甲（足背動脈）です。自分で触ったり、ほかの人に触ってもらったりしてみてください。

ペインクリニックでは腰部交感神経節ブロックを行い、血管を拡張させて血のめぐりを改善させます。さらに入院のうえ持続硬膜外ブロック療法や点滴治療などを行います。重症に対してはカテーテル治療、バイパス手術などがあります。

自分でできることは、足に合った適切な靴を選ぶこと、足を清潔に保つこと、深爪などで傷をつくらないこと、水虫（白癬菌（はくせん））などの感染があれば、皮膚科で早めに治療をしてもらうこと、低温やけどに注意すること、などです。

急性の動脈閉塞症では、急に下肢の血流が途絶えるため、下肢の痛みや脱力・まひ、感覚低下、皮膚の色の変化などが急にでます。この病気では、急いで血栓を取り除き、血流を再開させることが大切で、遅くなれば足を切断する必要がでてきます。

急にこのような症状がでたら、できるだけ早く循環器の専門病

図3-46：閉塞性動脈硬化症

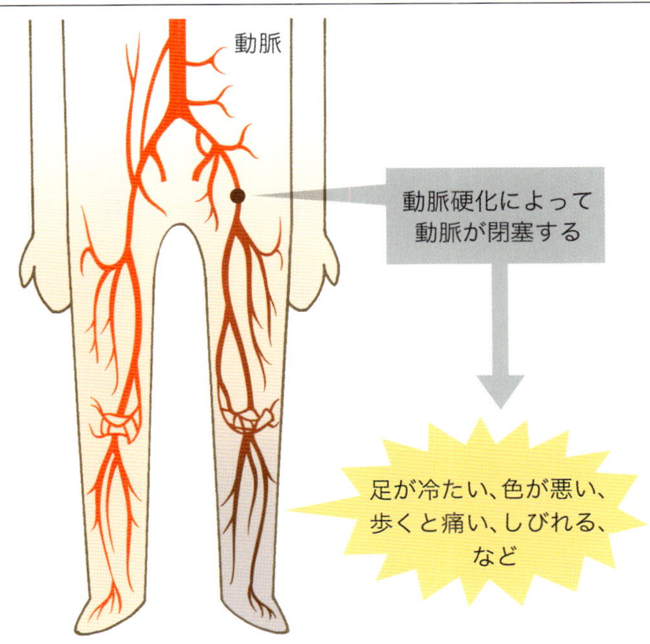

動脈硬化によって下肢の虚血が起きる

院を受診する必要があります。また、心房細動などの病気があることを病院や検診で指摘された場合、医師の指示にしたがって血栓を予防する薬（「ワーファリン」など）を規則的に飲む必要があります。

閉塞性動脈硬化症の原因は動脈硬化です。動脈硬化を引き起こす生活習慣を改善することが第一です。タバコは血管を収縮しますので、禁煙は絶対です。糖尿病は閉塞性動脈硬化症を進行しやすくするだけでなく、糖尿病性壊疽や糖尿病性神経症（足のしびれや痛みがでます）も合併します。歩くことは動脈硬化の進行を抑えるだけではなく、閉塞性動脈硬化症の治療としても効果があります。人工炭酸泉足浴などの民間療法が効果のあることもあります。

糖尿病性ニューロパチー（糖尿病性神経障害）

糖尿病が原因で末梢神経が冒される病気です。重症例では下肢の切断が必要になることもあります。

病態として、糖尿病による血液中のブドウ糖が高い状態が続くと、神経細胞の中にソルビトールという物質が蓄積されます（ポリオール代謝異常）。この物質が溜まると神経機能が障害されてきます（代謝性障害）。さらに、高血糖により細い血管（細小血管）の血流が悪くなり、神経の虚血障害が生じてきます（虚血性障害）。糖尿病で神経障害が起きる原因としては、このほかに、神経栄養因子の問題、遺伝的素因などが関連しているとも考えられています。

神経障害のタイプとしては、多発性神経障害、自律神経障害、単一神経障害などがあります。

もっとも多いのは、症状が多方面に現れる多発性神経障害です。これは、感覚神経や運動神経の障害によって起こるものです。手足の末端部分の痛みやしびれ、感覚の鈍麻（どんま）からはじまり、次第に足先から膝へ、あるいは手先から肘へと、身体の中心に向かって広がっていきます。安静時や夜間に痛みが増します。両側の足や手に症状がでるのが特徴です。運動神経に障害がくると運動機能が損なわれます。

自律神経障害がくると、下痢や便秘、不整脈、発汗の異常、排尿の障害（無緊張膀胱）、立ちくらみ、勃起障害などの症状が現れる可能性があります。

次に単一性神経障害といわれるタイプで、神経を養っている細い血管が、血栓で詰まって神経に栄養がいかなくなり、その部分にだけ現れる障害です。顔面神経まひや動眼神経まひ（一方の目が動かなくなる）などがその症状です。

治療としては、主として代謝性によるものなのか、虚血性によるものなのかによって異なります。代謝性障害によって起こる多発性神経障害の治療は、血糖のコントロールが第一です。代謝異常改善薬として、アルドース還元薬（「キネダック」）があります。

虚血性のものならば、末梢の循環をよくして血行を改善することが重要になります。痛みの強い、有痛性感覚性神経障害が起こったり、四肢の末端が赤く、異常な感覚をともなう肢端紅皮症（したんこうひしょう）がしばしば見られ、治療が難しいことがあります。

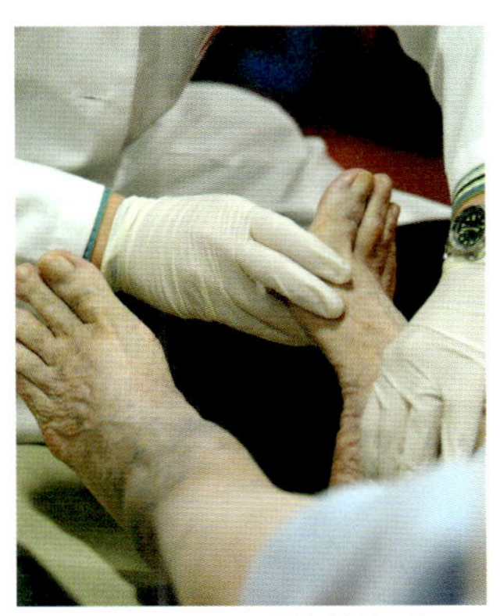
©MaMi-Fotolia.com

さらに血行をよくするために、足の場合は腰部交感神経節ブロックや硬膜外ブロック、手の場合は左右の星状神経節ブロック、頸部硬膜外ブロック、胸部交感神経節ブロックまたは切除術などを行うこともあります(1、2、3)。

痛みに対しては、「メキシレチン」「カルバマゼピン」(抗けいれん薬)、「デュロキセチン」(全般性不安障害治療薬で、日本ではまだ未採用)などでコントロールしていきます。

深部静脈血栓症

深部静脈血栓症は、足の深部の静脈に血の塊(血栓)ができて、詰まってしまう病気です(図3-47)。足からの血液の流れが滞りますので、足にむくみが現れます。また血流が滞るため、歩行時に足の痛みとして感じることもあります。血栓が足の静脈から心臓・肺に流れていくと、肺動脈に血栓が詰まって肺血栓塞栓(そくせん)症を起こし、呼吸困難や、重症の場合はショック状態になります(P.170「エコノミークラス症候群」参照)。

血液が固まるのを抑える薬(抗凝固剤)、たとえば「ヘパリン」などを持続的に点滴するのが一般的です。また「ワーファリン」と呼ばれる薬を内服します。ただ「ワーファリン」の効果が十分に現れるまでに1～2週間かかりますので、入院治療が安全です。

退院後は「ワーファリン」の投与量を変更する必要があるので、血液検査を定期的に行い、「ワーファリン」の効果をチェックします。「ワーファリン」には血液凝固に必要なビタミンKの働きを下げる作用があり、ビタミンKが下がることによって血液が固まりにくくなるからです。

納豆はビタミンKを多く含んでいますので、「ワーファリン」を

---

1 Vinik AI.：Management of neuropathy and foot problems in diabetic patients. Clin Cornerstone. 2003;5:38-55.
2 Mashiah A, Soroker D, Pasik S, Mashiah T.：Phenol lumbar sympathetic block in diabetic lower limb ischemia. J Cardiovasc Risk. 1995;2:467-9.
3 Bhattarai BK, Rahman TR, Biswas BK, Sah BP, Agarwal B.：Fluoroscopy guided chemical lumbar sympathectomy for lower limb ischaemic ulcers. JNMA J Nepal Med Assoc. 2006;45:295-9.

服用している場合は、納豆を食べないようにします。そして、静脈を拡張しないように弾性ストッキングなどを着用して足の静脈を軽く圧迫し、静脈の拡張を防ぐことを心がけます。また長時間の旅行では定期的に足の運動をして、足の静脈の流れをよくするよう心がける必要があります。

下肢静脈瘤

静脈には、血液の逆流を防ぐために弁がついています。この弁

図3-47：深部静脈血栓症とアンブレラフィルター

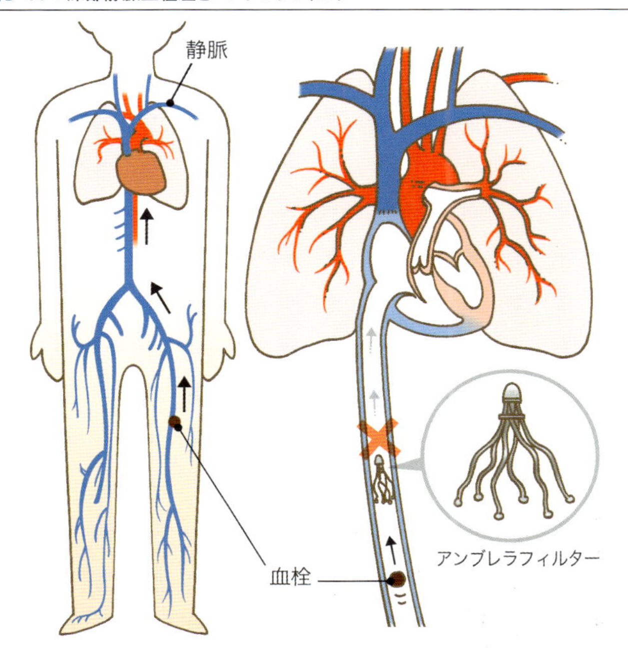

血栓が大きい場合は血栓溶解剤だけでなく、図のようにまれにアンブレラフィルターを静脈内に留置して、大きな血栓が心臓にいかないように予防することもある

が壊れ、足の皮膚に近い静脈（表在静脈）の血流の逆流が生じて、表在静脈が拡張し、こぶのように膨れあがった状態が足の静脈瘤（下肢静脈瘤）です。

下肢静脈瘤の症状は、一般に下肢のだるさ程度で、強い自覚症状はあまりありませんが、足の白癬菌（水虫）などの傷から静脈の感染を起こして、静脈炎や皮下組織の炎症を起こすと赤くなり、痛みやかゆみがでたりします。また静脈が破綻して出血すると黒くなり、時に悪化して皮膚潰瘍ができることもあります。

軽症では、静脈が拡張しないように弾性ストッキングを着用します。重症では、逆流を起こしている静脈弁付近の表在静脈をしばったり、切り離したり、また局所の静脈を固める注射をしたりします。さらに広範囲に静脈瘤がある場合は、静脈瘤を取る手術が必要な場合もあります。

*

このような血管性の病気を予防するには、高血圧や肥満にならないように注意することです。そのためには、肥満にならないように動物性脂肪の食品や甘いものを減らし、植物性繊維の多い食事をすること、そして絶えず身体を動かすことです。ソファーに1日2時間以上、持続的に座らないことも重要であるとする報告もあります。喫煙や受動喫煙

を避けることも、予防として大切です。

冷え性

病気ではありませんが、体質や生活習慣、あるいは更年期障害（閉経症候群）の症状の1つとして現れることがあります。足や手の交感神経過活動による血行不全です。したがって、体質や生活習慣からきている場合は、体質改善法、たとえば運動療法やヨガ、食事療法など種々の方法を試してみることです。

生活習慣からきている場合は、日々の生活を規則正しいリズムに合わせてみる、仕事環境を変えてみる、などを実行してみることです。

更年期障害とは更年期に現れる多彩な症状が現れる症候群で、自律神経失調症を中心とした不定な訴えのなかの1つとしてよく現れます。性腺機能の変化が視床下部の神経活動に変化をきたし、神経性・代謝性のさまざまな変化を引き起こすのではないかと考えられています。

多くの女性は、卵巣機能が低下して50歳前後で閉経します。そうするとエストロゲンの欠乏が起こります。その結果、のぼせや発汗、不眠、気分の不安定、抑うつなどの自律神経失調症状が現れます。それと同時に、この時期は子供の巣立ちや夫の定年、老後というステージに入るなど環境の変化が生じ、精神面でも変化の激しい時期でもあります。

治療法には、ホルモン補充療法（エストロゲンとプロゲステロン）、漢方療法（ハリや漢方薬）、精神安定薬などがあります。

それでも冷え性が治まらず、気になるようでしたら、こたつや電気毛布、足風呂などを試してみてください。

神経ブロック療法としては、足の血行をよくする腰部交感神経節ブロックや腰部硬膜外ブロック療法があります。

重症な場合は、原因を調べる必要があります。専門医（心療内科や神経内科、精神科、整形外科、ペインクリニック、産婦人科など）を訪ねてください。

お腹はなぜ痛くなるのか？——さまざまな内蔵の痛み

内臓の実質（中身）には、神経の支配はありません。したがって、そこに炎症やがんがあっても、人はそれを感じ取ることができません。ただ炎症が広がったり、がんが大きくなり内臓の表面や内臓血管の壁を刺激するほどになると、痛みや違和感を覚えるようになります。

たとえば肝臓内に腫瘍ができても、それが小さいうちには人はなにも感じ取ることができません。それが大きくなり、肝臓の表面にある膜が刺激されたり、胆道を押さえて胆汁の通り道をじゃましたりするようになると、胆道が拡張して外膜の痛みの受容体が刺激され、痛みを感じます。腸管でも中に腫瘍ができていても、腸管が閉塞されて拡張し外側の膜が刺激されないかぎり、痛みを感じません。

また、内臓には痛みの受容体がまばらにしかありません。したがって内臓の痛みは、どこが痛いのか部位がはっきりしないのが特徴です。また、関連痛といってその臓器のある場所にかならずしも痛みがくるとはかぎらず、身体のほかの場所の痛みとして感じることがあります。

たとえば心臓発作では、胸の左側が痛くなるとはかぎりません。初期段階では左小指や左の上腕、左の鎖骨が痛み、または首や顎が痛いと感じることがあります。このような痛みは、心筋梗塞の初期段階として重要なシグナルでもあります。また、心臓と胃は痛みを感じる神経が脊髄のほとんど同じ場所を通っているため、心臓の不調を胃の痛みと感じることもあります。

関連通

関連痛が起こるのは、臓器から脊髄に入る部位と、身体からの神経が脊髄に入る部位とが同じであることによって生じると考

図3-48：関連痛の例

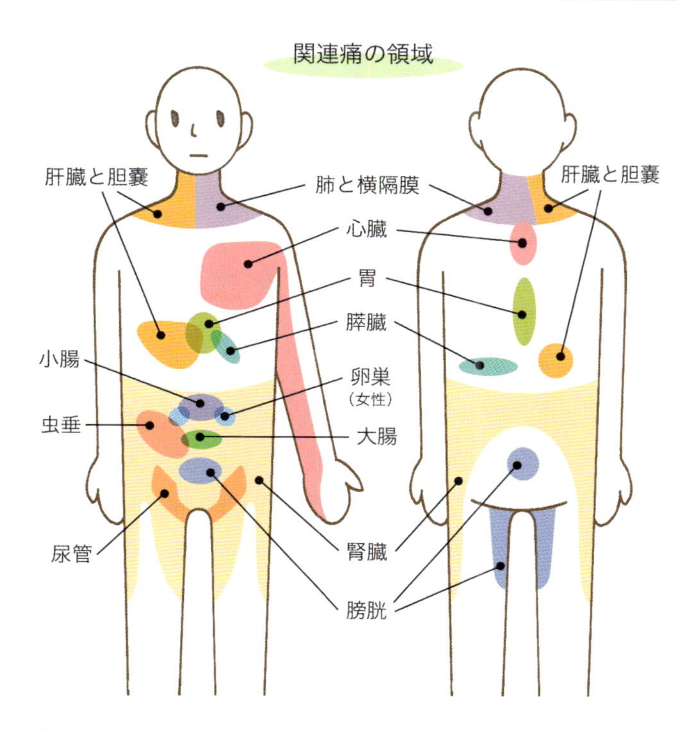

内臓の痛みは、それぞれ関連痛として特定の身体の部位の痛みとして感じられる

えられています。関連痛の例を以下に挙げます(P.163の図3-48参照)。

●**心筋梗塞**:胸の中央にかぎらず、左胸部や左肩、首、下顎、左手、みぞおちなどの痛みとして感じます。またお腹の痛み(胃痛)として感じることもあります。

●**狭心症**:胸壁や左腕に感じますが、痛みの部位がはっきりしません。

●**右肺炎**:右下の腹部の痛みとして感じます。

●**胆石発作**:右肩のこりや痛み、腰痛、右上腹部痛として感じます。

●**胃潰瘍**:上腹部の痛み、左背部の痛み、みぞおちの痛みとして感じます。

●**十二指腸潰瘍**:上腹部の痛みや左背中の痛みとして感じます。

●**消化器疾患(潰瘍、膵・肝・胆嚢炎や腫瘍)**:腰痛や背中の痛みとして感じます。特に、膵臓の機能障害を早期に自分で発見するのに、体操チェックをすすめる臨床家もいます。紹介すると、「身体を前に3回曲げる、次に手を腰にあてて身体を後ろにそらす」という体操です。このとき、胃の周り(上腹部)や背中に痛みや不快感を覚えると要注意です。

●**肝がん**:右の肋骨のいちばん下(下右季肋部)の痛みや右肩の痛みとして感じます。

●**胆道の病気**:右肩や肩甲部の痛みとして感じます。

●**虫垂炎**:上腹部の痛みから右下腹部辺りへ移動する痛みとして感じます。

●**腸捻転・腸閉塞など**:脇腹から背中への鋭い痛みとして感じます。痛みの程度が強く、そのためショック状態になることさえあります。

●**腎結石：**ももののつけ根（鼠蹊部）や、男性の場合は精巣の痛み、腰痛として感じます。痛みの程度が強いです。

●**泌尿器系疾患（腎臓結石、尿管結石、腎盂腎炎、腫瘍など）：**腰痛として感じます。また、背中の肋骨辺りをたたくと、響くような強い痛みを感じます。

●**婦人科疾患（子宮内膜症や子宮筋腫、卵巣嚢腫、子宮・卵巣腫瘍など）：**腰痛や背中の痛みとして感じます。

●**前立腺炎：**恥骨の上（会陰部）や陰茎の先端、鼠蹊部、太ももの内側、足裏の痛みとして感じます。

●**眼・鼻・耳などの炎症：**これらの炎症でも、頭痛として感じる場合があります。歯髄炎でも耳やこめかみ、頬などの痛みとして感じることがあります。また関連痛ではありませんが、がんの腰椎・骨盤への転移で、腰痛や背中の痛み、足の痛み、腕の痛み、首の痛みとして感じることがあります。

　また、お腹の痛みはよく胃の周りの痛みとして感じます。それは、胃からお腹全体をおおうように大網という網目状に垂れ下がった脂肪組織があり、大腸や虫垂に炎症が起きると、大網はその炎症部に集まり進行を食い止める働きをします。そのため、大網が伸びることによって、その付着部分である胃が引っぱられ、その刺激によって関係のない胃に痛みが生じると考えられています。

＊

　このように、頚部や上腕の痛みや背中、腰の痛み、太ももの内側の痛み、足の痛みは、かならずしも骨や関節、筋肉、腱鞘からくるものではなく、内臓の病気に原因することがあります。したがって、専門医間の連携が必須です。

緊急を要する胸の痛み

緊急を要する胸の痛みを起こす病気には、急性心筋梗塞や大動脈解離、狭心症、急性心不全、急性心筋炎、急性肺炎、肺血栓・梗塞、急性胸膜炎・膿胸、特発性食道破裂、急性膵炎、胆石症などがあります。膵臓や胆嚢はお腹にあるのですが、胸の痛みとして現れます。前述した関連痛によります。

病気の症状とその痛みの特徴は、以下のとおりです。

急性心筋梗塞

心臓の栄養をつなぐ冠動脈の動脈硬化によって血管が狭くなり、血液の流れが悪くなって生じます。冠動脈が詰まると、約40分後から心筋は死んでしまいます（心筋壊死）。これが心筋梗塞です（図3-49）。壊死は次第に広がり6～24時間後には心筋壊死が心内膜側から心外膜側まで広がって、心筋全体が死んでしまいます（貫壁（かんぺき）性梗塞という）。こうなると心臓は血液を全身に送れなくなり、心不全やショックにおちいります。緊急な処置が必要です。

痛みの特徴として、多くの場合、胸部の激痛や締めつけられるような感じ（絞扼（こうやく）感）、圧迫感として現れます。胸痛が30分以上続き冷汗をともない、重症ではショック状態になります。胸痛の部位は前胸部や胸骨下が多く、下顎や頸部、左上腕、心窩部に放散することもあります。ほかの症状として呼吸困難や意識障害、吐き気、冷汗をともなうときは重症です。高齢者では特徴的な胸痛でなく、息切れや吐き気などの症状として発症することもあります。また、糖尿病や高齢者では無痛性のこともありますので、ほかの症状に注意が必要です。

この病気は救急処置が必要なので、緊急に病院を訪ねることが必須です。

大動脈解離（解離性大動脈瘤）

大動脈の壁に亀裂が入り、壁が内膜と外膜とに分離されてしまう病気です（P.168の図3-50参照）。突然に発症することが多く、その場合は急性大動脈解離と呼ばれ、急性心筋梗塞と同様に緊急に対処が必要な病気です。

痛みの特徴は、突然の激しい前胸部や背中・肩の痛みです。時に痛みが軽いこともあります。大動脈にこぶがあると亀裂が起こりやすくなります。動脈の壁が分離するので、手足への血流が

図3-49：急性心筋梗塞

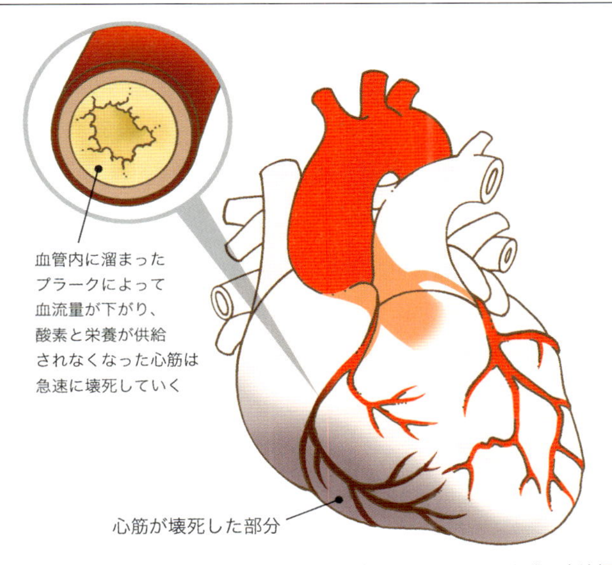

痛みの特徴は、多くの場合、胸部の激痛や締めつけられるような感じ（絞扼感）。胸痛の部位は前胸部や胸骨下が多く、下顎、頸部、左上腕、心窩部に放散することもある

悪くなり、手や足の激しい痛みが突然に現れてくることもあります。この病気は、高血圧で動脈硬化がある人に起こりやすいことが報告されています。

動脈瘤が破裂した場合はショックによる失神を起こすことから、突然倒れ、命を失うこともあります。血管の機能が障害され、たとえば頭の血流が悪くなった場合、失神やけいれん、意識障害を起こすこともあります。緊急な処置が必要です。

狭心症

血管内腔が狭くなることにより、心筋に十分な血流・酸素が送

図3-50：急性大動脈解離を起こす好発部位

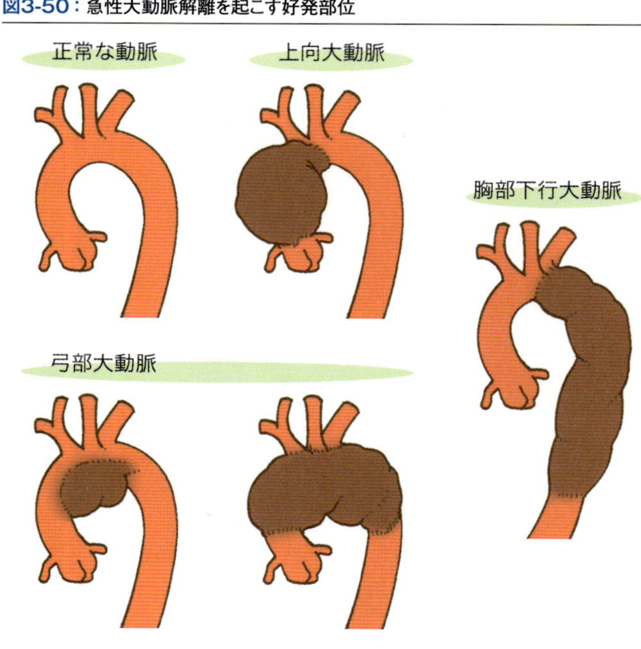

り込めないので胸の痛みが起こります。血管狭窄の原因の多くは、糖尿病や高脂血症、高血圧などに引き続いて起こる動脈硬化です。そのほか、血管けいれんもこの病気の原因となります。

痛みの特徴として、胸の奥の痛みや胸が締めつけられるような痛み、胸が焼けつくような痛みとして現れます。時には胃の辺りや背中の痛み、喉の痛み、歯が浮くような感じ、左肩から腕にかけてのしびれや痛みとして感じることもあります。痛みの程度は、冷汗をともなう強いものから、違和感程度の軽いものまでいろいろです。糖尿病では症状を軽く感じることが多く、注意が必要です。

労作性狭心症では身体的な労作や精神的な興奮・ストレスが誘因となります。安静にしたりストレスがなくなると、多くは数分で、長くとも15分以内で痛みが取れます。心筋は運動などにより動きがさかんになると、正常な働きを保つための十分な酸素・栄養を必要とし、冠動脈の末梢が広がることによって血流が増します。

しかし、動脈硬化があったり冠動脈に狭窄があると、心筋に十分な血流を送りだすことができなくなり、運動時に心筋への酸素の供給が足りなくなって、痛みが突然でます。安静狭心症は労作・ストレスに関係なく起こる狭心症です。いずれにしても、狭心症は冠動脈に狭窄を認めることが多く、心筋梗塞へと進展する可能性の高い状態ですので、このような痛みがでたら緊急に病院を訪ねてください。

肺塞栓・肺梗塞

肺動脈(肺で酸素を取り込むため心臓から肺へ血液を運ぶ血管)に血液や脂肪、空気、腫瘍細胞などの塊が詰まり、血液の流れが悪くなったり閉塞した状態を、肺塞栓(はいそくせん)といいます。血液の塊(血栓）が原因で起こったものを肺血栓症と呼びます。こうなると肺は虚血状態になり、最悪の場合は死亡します（図3-51）。

肺血栓の多くの原因は、足の静脈でできた血栓が心臓に運ばれ、肺動脈に移り起こります。海外旅行などで、飛行機に長時間座ったままの姿勢でいると、この病気が起こりやすくなります。近年問題になっているエコノミークラス症候群です。これを予防するには、長時間同じ姿勢をとり続けないことです。

特徴は前胸部の突然の痛みです。同時に血痰や呼吸困難、冷汗などが現れます。この病気も緊急を要するので、救急科または循環器や呼吸器を扱う病院を訪れて、血栓を溶かす薬（血栓溶解薬）や抗凝固薬（血液を固まらないようにする薬）の点液注射が必要です。

急性肺炎

いろいろな細菌（肺炎球菌、インフルエンザ菌など）が鼻や口から気管、気管支を通って肺胞にまで達して炎症を起こす病気です。風邪をこじらせて、それがもとで二次性の感染を起こすことが多いのです。また、気道の反射機能が弱っている老人などに見られる誤嚥性（ごえんせい）肺炎もあります。

胸痛の程度はそれほど強くなく、呼吸困難やせき、たん、呼吸器症状と発熱があります。肺で酸素が十分に取れないので、血色がなくなり（チアノーゼ）、さらに重症になると脳に酸素がいかないので、意識障害が起こります。酸素と抗生物質の投与が早急に必要です。

急性心筋炎

コクサッキーウィルスやエコーウィルス、その他の細菌などの病原菌で心筋の炎症を起こす病気です。背景に膠原（こうげん）病などの全身性の病気がある場合や、薬や放射線によって起こることが報告されています。

心臓の膜に炎症が波及すると胸の痛みや胸の不快感、動悸などを感じます。発熱やせき、たんなど風邪のような症状や、消化器の症状などが起こります。心臓に炎症が起こると心臓のポンプ機能が保たれなくなり、ショック症状になることがありますので、

図3-51：肺塞栓・肺梗塞が起こるメカニズム

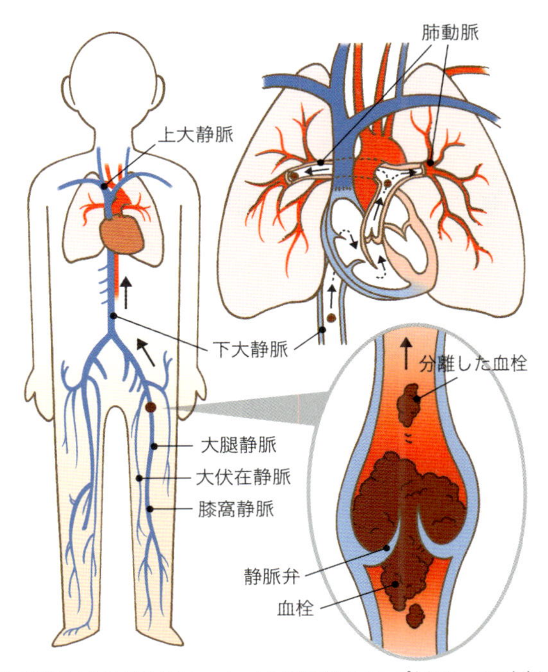

下肢の静脈に血栓ができると、いったん静脈弁にトラップされる。このときに痛みを生じることもある。血栓は分離して心臓のほうに流れ、やがて肺動脈に流れて肺塞栓・肺梗塞が生じる

治療には急を要します。

急性胸膜炎

胸膜とは、肺をおおう膜と、胸郭の内面をおおう膜の2つの胸膜をいいます。この2つの包まれた空間を胸腔（きょうくう）といい、ごく少量の液体（胸水）があり胸膜面を湿潤して肺の運動をスムーズにしています。胸膜炎はこれら胸膜の炎症のことをいい、炎症によりここに胸水が溜まります。結核性胸膜炎や細菌性肺炎と併発するものなどがあります。肺炎のなかで、黄色ブドウ球菌や肺炎桿菌、大腸菌、緑膿菌などが原因の場合、胸膜炎を起こしやすいとされています。

胸の痛みの症状の特徴は、深呼吸やせきで痛みが強くなります。発熱をともない、せきもでますがたんは少なく、重症化すると呼吸困難を感じることもあります。

赤沈値（赤血球沈降速度の測定値）が正常化するまでは安静が大切です。必要に応じ、溜まった胸水をドレーンで抜き、抗生物質を投与します（図3-52）。

特発性食道破裂（ブールハヴィー症候群）

急性アルコール中毒など、強い嘔吐により食道内の圧が急激に上がることによって食道が破裂する病気です。下部食道、次に中部食道が破れることが多く、致死率が高いです。嘔吐反射が起こるのに対し、耐えようとすると食道の中の圧が急に高まって起こります。嘔吐反射直後に急激な胸の痛みが生じると要注意です。

時に、上腹部辺りに起こることもあります。引き続き、胸苦しさ（胸内苦悶）や呼吸困難、冷汗、顔の色が悪くなるなどの症状がでます。緊急に、手術によって破裂した部分を縫わなければ致命的となります。似た病気で、飲酒後に繰り返す嘔吐によって胃の入り口（噴門部）の部分に裂傷が起こり、そのために吐血した場合を、特にマロリー・ワイス症候群と呼んでいます。

飲酒後、嘔吐反射時に激しい胸の痛みがきたら、緊急に診察を受ける必要があります。

急性膵炎

膵臓は胃の後ろにあり、消化酵素を十二指腸にだして脂肪やたんぱく質の消化を助けていますが、種々の原因によって自分のだした酵素によってみずからの組織が消化されて炎症が生じることがあります。軽症なものから生命を脅かす重症例まであります。原因の多くはアルコールで（約4割）、その次が胆石（2.5割）、あと

図3-52：胸水の圧迫により左胸の痛みと呼吸困難がくる

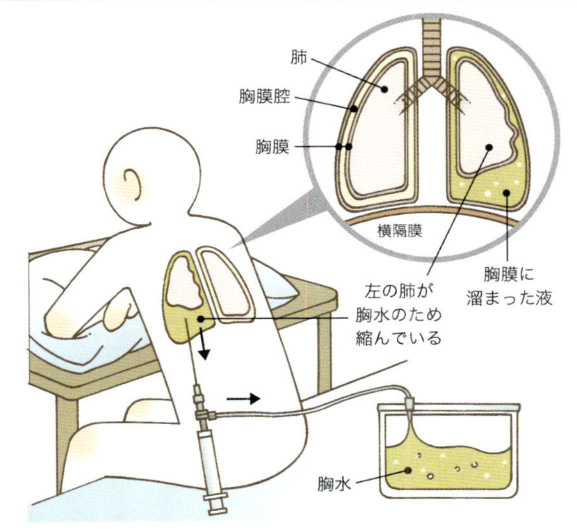

胸膜炎により左肺に溜まった胸水を吸引している

は不明です。

特徴は、食後の上腹部や背中の痛みです。痛みの程度も軽いものから激しいものまでいろいろです。重症な場合はショックや意識障害を生じることもあります。このような場合は、緊急に病院を訪ねる必要があります。

胆石症

肝臓から脂肪やたんぱく質を消化する胆汁が十二指腸に流れますが、その途中にできる石によって胆道が詰まる病気です。石にもいろいろあり、コレステロール石やビリルビンカルシウム石、黒色石などです。

痛みの特徴は、胆石疝痛（たんせきせんつう）発作といわれる激しい右上腹部の痛みです。痛みは右の肩や背中にひびき、時に前胸部の痛みを感じることもあります。脂肪の多い食事を食べたあとに起こることが多いです。

冷汗がでたり、寒気や吐き気がして、黄色の胃液を吐いたりすることもあります。食事が欧米化し、この病気も増えています(大人の10人に1人程度)。食事後このような痛みが生じたら、緊急に病院を訪ねるべきです。緊急に石を取り除くべきかどうか、専門医との相談が必要です。

緊急性が比較的低い胸の痛み

それほど緊急を要しない胸の痛みを起こす病気には、次のようなものがあります。

心臓神経症

心臓神経症は、神経循環無力症や不安神経症、パニック障害ともいわれる病気です。ストレスや過労、不安などがおもな原因です。神経質もしくは神経症的な性格の人が、過労やストレス、身近な人の急死、誤った知識などがきっかけとなって、心臓に異常あるのではないか、という不安・恐れが大きくなってきたときに起こると考えられています。

ストレスや過労、また不安感などは交感神経を刺激し、心臓の機能をやたら活発にします。心拍数が増え、動悸を強く感じたりするため、心臓病ではないかという不安が大きくなり、動悸や息切れがますます起こる悪循環になります。

痛みの特徴は狭心症とよく似ていますが、この病気では心臓そのものには異常はなく、痛みの性質がチクチク、ズキズキといったもので、また痛む場所が比較的かぎられ、運動時には痛みが起こらず、むしろ安静時に痛みます。またその痛みの持続時間が比較的長いという性質をもっています。

検査異常がないとわかれば、ストレスや不眠、過労、不安などを解消するように努力することと、自分に合った薬を処方してもらうことです。

心房細動

心臓の収縮リズムは房結節（ぼうけっせつ）で電気的興奮波がつくられ、それが心房と心室の境にある房室結節に伝わり、それがさらに心室全体に広がり収縮運動となります。この病気では、房結節が不規則に興奮するために心臓全体が不規則に収縮します。そのため、患者さんは胸の痛みやもやもや、動悸、重症ではめまいを生じます。一過性のものから持続性のものまでいろいろです。

心電図検査で診断がつきますので、早めに医療機関を訪ねることをすすめます。種々の抗不整脈薬が使われます。最近、この病気の原因が肺静脈の頻拍が左心房に伝わって生じることだとわかり、カテーテルでその間を電気的に遮断する方法が行われ、よい成績が得られています。放置すると脳梗塞などの合併症を引き起こす危険性があるので、早めに治療したほうがよいと思います。また喫煙はもってのほかで、過労やストレス、睡眠不足、アルコールの飲み過ぎを避けることです。

自然気胸

肺が自然に破れ胸腔内に空気が漏れ、そのため肺がつぶれる病気です。若い男性に多く、また喫煙者に多く見られます。肺内の圧が急に上がるとき、すなわちせきや怒責(どせき)、運動などによって弱っている肺胞(ブレブという)が破れて起こります。

突然の胸の痛みに加え、からせきや呼吸困難が起こり、気胸が広がる重症(緊張性気胸という)では、チアノーゼや意識障害が生じることもあります。胸部レントゲンで診断がつきます。

まず安静をはかり、細いチューブで胸腔から空気を抜きます。この病気を繰り返すようであれば、内視鏡で破れたところを修復します。喫煙はご法度です。

肺がん

肺がんは、わが国では、男性のがんのなかで第1位の発生率です(図3-53)。組織の特徴から、腺がんや扁平上皮がん、大細胞がん、小細胞がんなどの種類がありますが、臨床的にはその治療方法の違いから、小細胞がんと非小細胞がんと、大きく2つに区別しています。今後、高齢化社会が進むことによって増加する病気です。ほかのがんと同様に早期発見、早期治療が大事です。非小細胞がんでは、早期に治療をすれば5年生存率は50～70％です。しかしリンパ節に転移した場合、5年生存率は30～50％に下がります。

肺がん発生のメカニズムはまだ解明されていませんが、正常な肺に突然、がん細胞が出現する原因の1つとして、はっきりしているものは喫煙です。この病気の患者さんの8割は、喫煙歴があると報告されています。タバコの煙には約数千種類の物質が含ま

図3-53：左肺に発生した肺がん

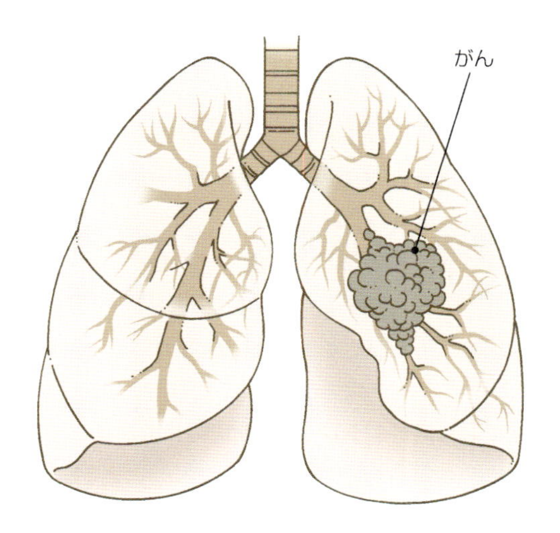

初期のうちは無症状。しかし胸膜に転移すると胸の痛み、脳転移すると頭重・頭痛、骨に転移すると背部痛や腰痛などが起こる。また、気管支を刺激するとせきやたんがでる。肺は血流に富むので全身に転移しやすい

れていて、そのなかの発がん物質やスーパーオキサイド（活性酸素の一種）などによる遺伝子の障害が、がん細胞の発生にかかわっていると考えられています。また、加齢による遺伝子の修復機能の低下やがん遺伝子の変異、タバコに対する感受性なども関与していると考えられています。

危険因子は、喫煙や加齢、家族歴、呼吸器の病気（慢性閉塞性肺疾患、ぜんそく、じん肺、特発性間質性肺炎など）の既往などが挙げられています。特に喫煙歴は重要です。また、他人のタバコの煙を慢性的に吸入する受動喫煙（P.60のコラム参照）も肺がんのリスクとされ、近年、非喫煙女性の受動喫煙による肺がんも増加傾向にあります。症状がでる前に健康診断などで発見されることもありますが、大部分は4週間以上続くせきやたん、血たん、発熱、呼吸困難などの症状で発見されます。

痛みがないのがむしろ特徴で、まれに胸膜への転移があれば胸の痛み、脳転移があれば頭痛や吐き気、嘔吐、骨転移があれば腰痛や背部痛などで見つかることもあります。肺の末梢に発生するタイプの肺がんは、がんが大きくなるまで無症状です。

胸部単純エックス線写真による異常な影があれば、胸部CTを撮影して、肺における異常な影の厳密な位置とほかの臓器への広がりの程度、リンパ節転移の有無を調べる必要があります。確定診断のためには、がん細胞の組織検査です。

まず、たんの検査でがん細胞の有無を調べますが、たとえこの検査で陰性でも、必要に応じて気管支鏡検査によって組織の一部を採取して調べる検査が必要です。また、CTで観察しながら経皮的に針でがん細胞を採取する方法もあります。

これらの検査でがん細胞が証明されず、CT画像の病変の大きさや特徴から肺がんが強く疑われるならば、全身麻酔下に胸腔鏡で肺の組織を検査することもあります。これらの検査で肺がんと診断された場合、次に転移の有無を調べる検査をします。一般的には脳や腹部、骨の画像検査を行います。また、血液中の腫瘍マーカー検査は、組織型の推定や治療効果の判断、予後の診断に役立ちます。

この病気の治療は、小細胞がんか非小細胞がんかによって大きく異なります。小細胞がんは早期から全身に転移しやすく、進行が早い反面、化学療法（抗がん薬）や放射線治療がよく効くので、抗がん薬の全身投与が第一選択になります。治療によって5年生存率は胸腔内にがんがとどまっていた場合は20～30％、胸郭外に転移があった場合で2年生存率10～20％と報告されています。

非小細胞がんは病巣が肺の片側に限局している場合、まず手術による病巣の切除およびリンパ節の摘出（郭清）と、抗がん薬の併用が行われます。手術不能な場合は、抗がん薬と放射線治療が主体になります。しかし、身体が弱っている場合はQOL（生活の質）が下がらないように、積極的な治療を行わず痛みや呼吸困難などに対処することもあります。

この病気は化学療法と放射線治療いずれの場合でも、治療が非常に困難ながんの1つです。患者さんや家族はよく担当医と相談して治療方針を決めることが必要です。判断に悩む場合は、ほかの医療機関の専門医に相談することも必要です（セカンドオピニオン）。また専門医間の連携が必要です。近年、遺伝子工学の発展によって新しい薬がでてきましたが、それにともなう副作用も報告されています。専門医との相談が必要です。

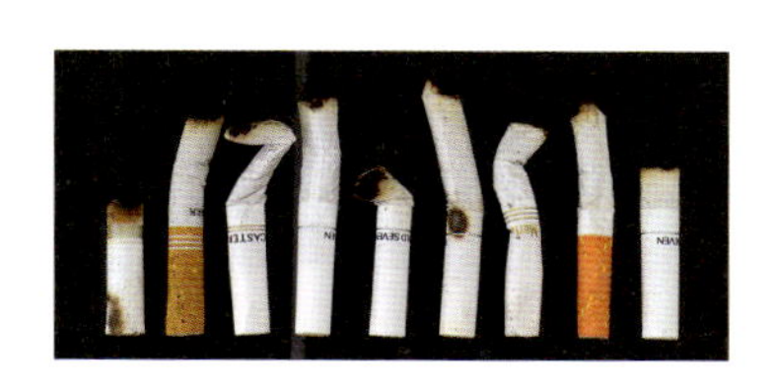

● 逆流性食道炎

食道炎のなかで、もっとも多い病気です。胃内容が食道内に逆流し、食道粘膜が胃液や十二指腸液にさらされることで発症します。ふつうは食道と胃の接合部には胃内容の逆流を防止するための逆流防止機構が備わっています。下部食道括約筋は食べものを飲み込むとき（嚥下運動）だけ弛緩しますが、このように一過性に括約筋の弛緩することが、この病気の重要な原因とされています。

胸の痛みとして現れるものもありますが、むしろ胸やけや嚥下

図3-54：逆流性食道炎

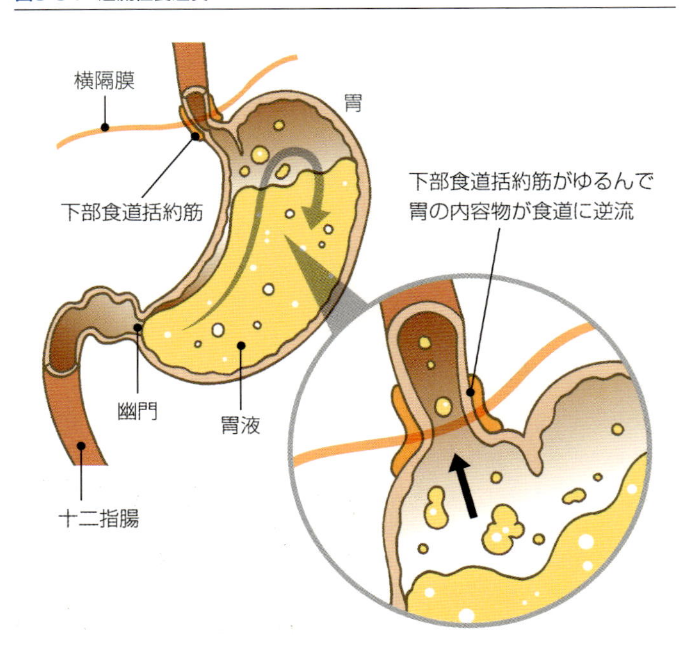

障害、吐き気や膨満感などが自覚症状として挙げられます。また、咽頭部の違和感やぜんそくの症状が現れることもあります。

内視鏡検査は診断上必須ですが、自覚症状と食道炎の重症度はかならずしも一致しません。食道裂孔ヘルニアや食道胃接合部の粘膜障害、重症例ではびらん、潰瘍面からの出血や狭窄が認められることがあります（図3-54）。

治療では、胃酸の分泌を抑えるH_2受容体拮抗薬やプロトンポンプ阻害薬が使用されています。薬で改善しない大きな食道裂孔ヘルニアがある場合、食道狭窄や食道炎による出血をともなう場合は、手術で胃底部を下部食道に巻きつけて逆流防止機構を作成する方法が、腹腔鏡下で行われています。

腹部の痛みは腹部の臓器や骨盤内の臓器あるいは腹部の血管、神経、骨、筋肉の病気で起きます。時に心臓や胸部の大動脈の病気で上腹部の痛みとして感じることもあります。

たとえば、胸部の痛みの項で説明した心筋梗塞や心膜炎、大動脈解離、胸膜炎、などで上腹部の痛みとして感じることもありますので、医師間の連携が必須です。

緊急を要するお腹の痛み

緊急を要する病気としては、以下のようなものがあります。

腹部大動脈瘤破裂

大動脈瘤は、大動脈の壁がこぶ状になってできたものです。多くの場合は徐々に進行するために、はじめはほとんど症状がありません。腹部大動脈瘤は、お腹の外から拍動するこぶに触れることにより、発見されることがあります（P.182の図3-55参照）。

腹部大動脈瘤が破裂すると、激烈な腹痛や腰痛がでてきますが、破裂しないかぎり、痛みをともなうことはまれなため、見過ごされることもあります。CT検査で診断ができます。大動脈瘤が怖いのは、破裂することがあるからです。破裂すると致死率はかなり高くなります。破裂する前に動脈瘤の部分を人工血管に取り替えるべきです。こぶの直径が大きければ大きいほど、破裂しやすいといわれます。腹部大動脈瘤の場合は、正常な腹部大動脈の直径は1.5～2.0センチほどなので、その2倍の径4センチを超えると破裂の危険性がでてくるといわれています。大動脈瘤は高血圧の人や家族に大動脈瘤の人がいるとできやすいといわれ、遺伝的傾向が認められています。

図3-55：破裂寸前の腹部大動脈瘤

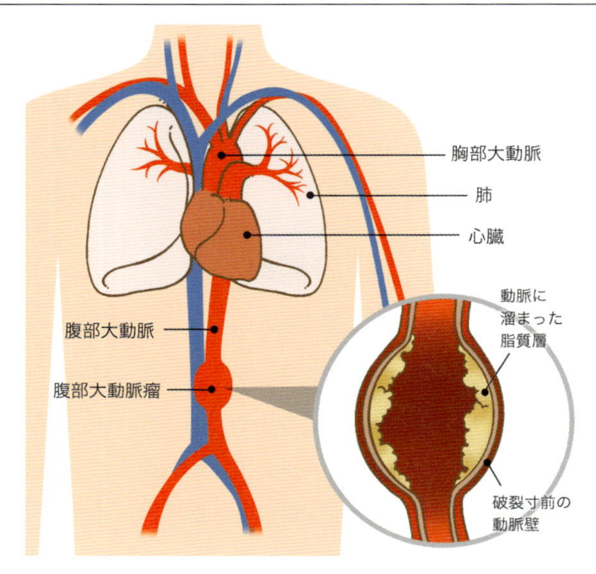

破裂寸前まで痛みはないが、破裂すると急激で激烈な腹痛や腰痛が生じる

胸部大動脈瘤の場合は大きくなると、周囲を圧迫してさまざまな症状、たとえば反回神経を圧迫すると、しわがれ声（嗄声（させい））ができます。気管を圧迫すると呼吸困難になり、食道を圧迫すると食べものをのみ込むことが困難になります。

しかし腹部大動脈瘤の場合は、動脈瘤が小さかったり、肥満でお腹に脂肪が溜まっていたりする場合は、触ってもわからないことがあります。腹部の超音波検査や、CT検査ではじめて発見されることがめずらしくありません。

破裂によって出血し、腹部から後方の腰の部分に広がると激しい痛みを感じます。出血の程度によっては、腹痛や腰痛の症状がはじめは軽いことがあります。しかし、そのあとに大出血して意識不明になることも多く、腹部大動脈瘤の破裂が疑われた場合には、ただちに手術が可能な病院に搬送する必要があります。最近は、足のつけ根からカテーテルを大動脈内に挿入して人工血管を大動脈の内側から固定する方法（ステントグラフト）が行われています。

大動脈瘤に気づいたら、CT検査によって治療方針を決めることになります。手術はあくまで破裂予防のための手術なので、手術の危険性と破裂の危険性を十分に検討し、納得のうえでその後の方針を決めてください。

腸間膜動脈梗塞

胃や肝臓、膵臓など消化吸収にかかわる内臓に酸素や栄養を送る動脈は3本あり、それぞれ腹腔動脈幹や上腸間膜動脈、下腸間膜動脈です。このうち、小腸の大部分と大腸の一部へ酸素と栄養を送る上腸間膜動脈が突然に詰まる病気が、急性上腸間膜動脈閉鎖症です。上腸間膜動脈が急に詰まると、七転八倒する激しい腹痛が現れます。数時間以内に腸の虚血状態が生じ、腹膜炎となります。

放っておくと、腸がむくんでまひしてくるため、腸の内容物が停滞して腸閉塞が進みます。痛みだけでなく嘔吐をともない、腸やその内容物に体中の水分を奪われて、著しい脱水症状を示すようになります。血便が見られることもあります。さらに症状が進むとショック状態となり、早期に手術をしないと死亡したり、手術をしても救命できないこともあります(図3-56)。

腸閉塞

食べものや消化液の流れが小腸や大腸でとどこおった状態、すなわち内容物が腸に詰まった状態が腸閉塞です。腸が拡張して張ってくるため、おなかが張って痛くなり、肛門の方向へ進めなくなった腸の内容物が口の方向に逆流して吐き気をもよおし、

図3-56：腸間膜動脈梗塞

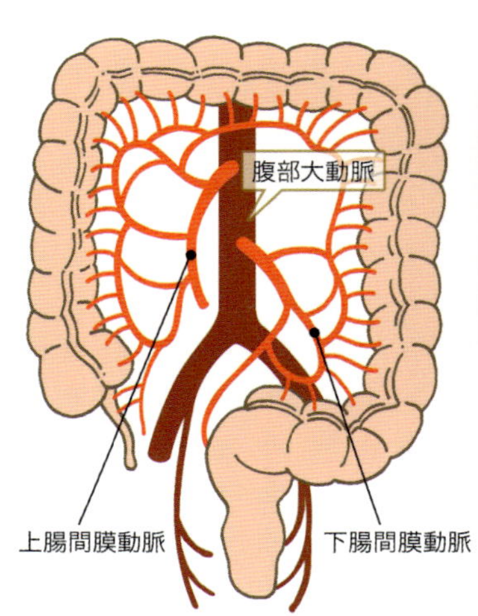

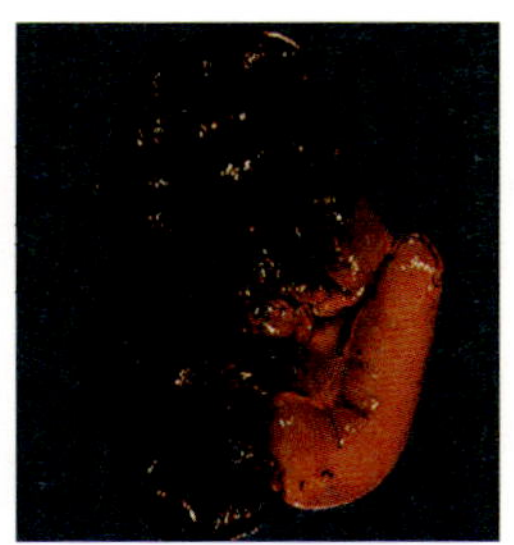

腸間膜動脈(左)と腸間膜動脈が詰まって(腸間膜動脈梗塞)、腸が壊死になった部分が黒くなっている(右)

嘔吐したりします。腸閉塞は、吐き気・嘔吐をともなう腹痛が現れる、もっとも代表的な病気です。閉塞の原因として、腸の外側からの場合と内側からの場合があります。

外側の原因としては、腸が外側から圧迫されたり、ねじれたりする場合です。腹部を切る開腹手術を受けたことのある患者さんでは、腸と腹壁、腸同士の癒着がかならず起こりますが、癒着の部分を中心に腸が折れ曲がったり、ねじれたり、癒着部分でほかの腸が圧迫されたりして腸が詰まる場合が、もっとも一般的です。また高齢の女性などでは、大腿ヘルニアと呼ばれる脱腸の一種でも腸閉塞になります。

内ヘルニアと呼ばれる、お腹の中のさまざまなくぼみに腸がはまり込み腸の内容が詰まる症状があります。まれに腸捻転(ねんてん)といい、腸自体が自然にねじれて詰まることもあります。また、腸に酸素や栄養分を送る血管が入った膜(腸間膜)が圧迫されたり、ねじれたりして血流障害を起こしたものを絞扼(こうやく)性腸閉塞と呼び、早期に手術を行わないと死に至ります。

腸の内側に問題がある場合としては、大腸がんによる閉塞や高齢者などで、便秘により硬くなった便自体も腸閉塞の原因になります。

痛みの特徴として、突然に激しい腹痛と吐き気や嘔吐が起こります。お腹が張り、膨隆(ぼうりゅう)します。やせた人では腸の動くのが外から見えることもあります。腹痛は、キューッと強い痛みが起こり、しばらくすると少しやわらぎ、これを繰り返す疝痛発作と呼ばれる特徴的なものです。

嘔吐の吐物は、最初は胃液や胆汁ですが、進行すると腸の内容物となり、下痢便のような色合いで便臭をともなうようになります(吐糞(とふん)症)。嘔吐の直後は、いったん腹痛や吐き気が軽くなることが多いようです。激しい腹痛が休まることはなく、時間とともに顔面蒼白や冷汗、冷感も見られ、脈や呼吸も弱く速くなり、ショック状態になります。エックス線や超音波、CT検査で腸だけでなく腸間膜も圧迫されたり、ねじれたりする絞扼性腸閉塞が疑われたら手術したほうがよいと思います。

絞扼性腸閉塞でなければ、ほとんどは手術以外の方法で治ります。食事や飲水を中止し、胃腸を休め、十分な補液を行います。病状が進行して、腸の張りが強くなった場合は、鼻から胃や腸まで管を入れ、嘔吐のもととなる胃や腸の内容物を身体の外にくみ上げます。腸の張りが少なくなれば、腸から吸収され快方に向かいます。

おならや便がでれば、腸の通過障害は一応治ったことになりますが、腸が詰まった原因、つまり癒着や腸がはまり込んだお腹のくぼみは治らないため、再発の危険は残りますので引き続き検査が必要です。

腸閉塞の痛みや術後の痛み、術後の回復に硬膜外ブロックや局所麻酔薬の静脈点滴注射が効果のあることが最近わかってきました。

急性腹膜炎

腹膜はエプロンのように腹腔内をおおう膜で、中に血管や神経が通っています。腹腔内に炎症や感染が起こり、激しい腹痛をもたらす病気です（図3-57）。ほかの症状として吐き気や嘔吐、発熱、頻脈が見られます。病気が進行すると、脱水・ショック状態におちいることもあります。急性腹膜炎のばい菌はただちに血液の中に移行し、敗血症（ばい菌が血液によって全身にばらまかれた状態）へ至る危険な状態です。

原因としては、腹部の内臓の炎症や消化性潰瘍や外傷、腫瘍などで腸管が破れる、というようなケースが考えられます。女性では子宮や卵巣の感染や卵巣腫瘍の破裂などが原因になります。お腹の触診所見で板状に硬くなります。お腹を手で押さえると、放すときに痛みが強くなります（ブルンベルグ徴候あるいは反跳圧痛（はんちょうあつつう）という）。

画像で腹腔内に遊離したガスや消化液や、膿汁（のうじゅう）などの液の存在が確認されます。治療が必要です。お腹を開け（開腹）腹膜炎の原因となっている消化管や、臓器の穿孔などに対する処置を行います。腹腔内を十分に洗って、ドレーンを挿入します。

この腹膜炎に対する処置は診断がつき次第、急いで行い敗血

図3-57：腹膜と腹膜炎が起こりやすい部位である虫垂の位置

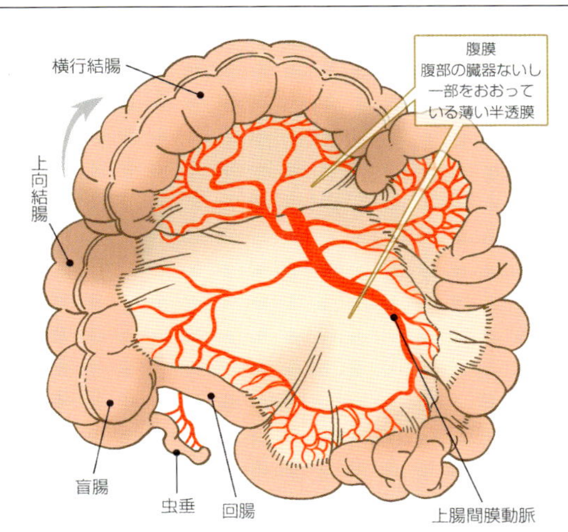

腹膜が見えやすいように、横行結腸を少し上にもち上げてある。虫垂炎（図3-58参照）が起こると右下腹部に痛みを感じ、進行して虫垂が破裂すると腸内容が腹腔内にでて、腹膜炎を起こし急激なお腹全体の腹痛を生じる

症（血液中に細菌がばらまかれた状態）への移行を防ぐことが重要です。長時間経過したものの予後は悪く、敗血症に移行するとショックや多臓器不全により命を失う症例が多くなります。腹膜炎に対する外科治療のほかに、痛みに対する処置や全身の十分な管理（呼吸や循環、栄養、抗炎症など）を必要とします。

急性虫垂炎

一般に盲腸と呼ばれている病気です。小腸が大腸につながるところを盲腸（回盲部）と呼びますが、その先端にある直径1センチ以下、長さ6〜8センチの細い管状のものが虫垂で、ここが炎症を起こす病気です（図3-58）。10〜20代前半に多い疾患ですが、若い年代や高齢者でも起こります。炎症の原因は不明ですが、便や異物、腫瘍などで虫垂が閉塞を起こして発症するといわれて

図3-58：急性虫垂炎

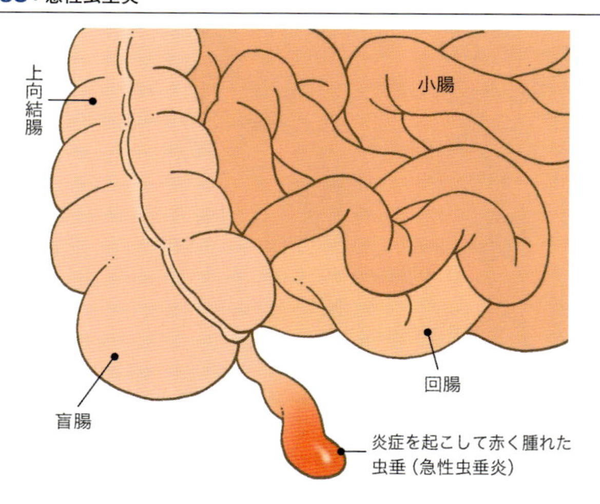

急性虫垂炎が破裂すると内容物が腹腔に飛びだし、急性腹膜炎を起こす

います。

へその周囲に急激な痛みが起きます。炎症がひどくなるにつれて、痛みは次第にお腹の右下のほうに移ります。この部分をマックバーネー点と呼びます。この点を押さえたとき、強い痛みが起こり急に手を離すと、さらに強く痛みがきます(反跳痛)。発熱や吐き気、嘔吐を起こすこともあります。虫垂炎が強くなって破裂すると腹膜炎を起こして、さらに強い痛みがでてきます。腹部の診察と症状からほぼ診断が可能です。白血球増加の確認もします。また腹部超音波検査やCT検査で、虫垂の画像変化を診断することがあります。

最近では、腹腔鏡で手術をすることが可能となってきました。発症後間もないときには、抗生剤の内服で炎症を抑えることもあります。再発の可能性が大きく残ります。早めに腹部外科の診察を受けることが必須です。

そのほかの腹痛をもたらす病気

そのほかに腹痛をもたらす病気はいろいろあります。上腹部では、特発性食道破裂や急性胃炎、胃潰瘍、胃がん、十二指腸潰瘍、胆嚢炎、胆石、膵炎、膵臓がん、肝炎、肝臓がん、心筋梗塞などです。中腹部から下腹部では腎臓や尿管の炎症・結石、動脈や静脈の病気、急性腸炎、過敏性腸症候群、急性膀胱炎などです。女性特有の病気として腹痛をもたらすものは、卵巣腫瘍や子宮付属器炎、子宮外妊娠、切迫流産、子宮がん、子宮筋腫、月経困難症などです。

泌尿器系と生殖器はなぜ痛くなるのか

泌尿器系と生殖器系のある下腹部の痛みの神経を含め、知覚神経の多くは脊髄の下端である仙髄（せんずい）という部分に入ります。筋肉にいく運動神経も、この部分からでてきます。しかし泌尿器系の臓器、たとえば腎臓や尿管、膀胱、また生殖器である前立腺や精巣、子宮、卵巣などは自律神経である交感神経や副交感神経が知覚や運動をつかさどっていますので、仙髄とはかぎりません。

泌尿・生殖器については、概して交感神経は腰髄、副交感神経は仙髄が神経支配しています。そのために泌尿器や生殖器の痛みは、関連痛として下腹部や会陰部、内股の痛みのみならず腰痛として感じることがあります（図3-59）。また近くに大腸、結腸、直腸などの消化器系の臓器もあるので、その鑑別が重要になります。

泌尿器の臓器のなかで腎臓は上腹部の後ろのほう（後腹膜腔）にあるので、腎臓の病気の痛みは関連痛として背中のほうにひびきます。尿路結石の痛みは、石のできる場所によって痛みの部位が違います。たとえば腎臓結石の場合は背中から脇腹、石が尿管にある場合はその位置によって激しい腰痛や下腹部痛、会陰部痛、太もも内側、あるいは男性では精巣の痛み、女性で外陰部の痛みとして感じることがあります。

下腹部の痛みとして感じる病気は、中央部の痛みの場合、急性膀胱炎や急性前立腺炎、前立腺症、間質性膀胱炎などの病気が考えられます。急性膀胱炎の多くは女性に見られ、急性前立腺炎は男性の病気で排尿時痛や頻尿などもともないます。下腹部片側の痛みの場合は、卵巣の病気のほかに大腸など泌尿器生殖器以外の疾患が原因の可能性もあるので、ここでも専門医間の連携が必要になってきます。

排尿時の痛みの場合は、尿道炎や前立腺炎など尿道が刺激されていることもありますが、膀胱炎や膀胱がん、尿道結石など、排尿によって痛みがくることがあります。

泌尿器の病気の痛みの特徴をまとめると以下のようになります。

● **腎臓結石**：片側の背中や腰部の間歇的な激しい痛み。石が動くと痛みの場所が動く。

● **腎臓腫瘍**：片側の背中や腰部の持続的な鈍い痛み。

● **尿路結石**：石の位置によって異なり、腰部から会陰部や太もも内側にかける激しい痛み。

● **尿道炎**：下腹部中央や会陰部の排尿時の痛み。排尿時以外のときの尿道の異常感、熱感。

図3-59：泌尿器の病気で痛む部位

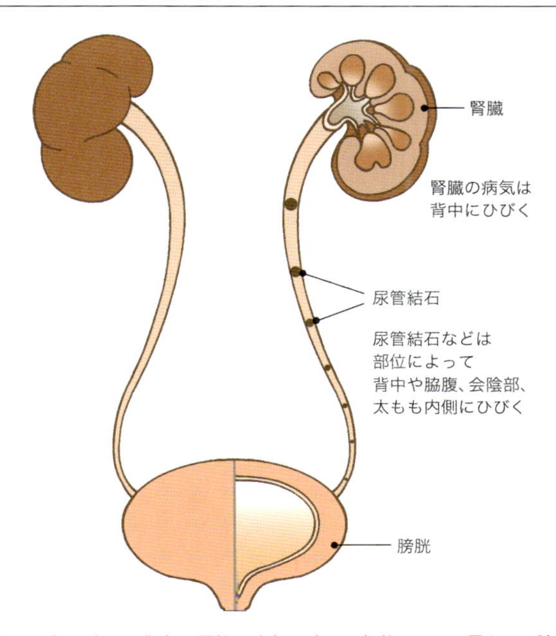

腎臓の病気の痛みは背中、尿管の病気の痛みは部位によって異なる。膀胱の病気は下腹部の中央に痛みを感じる

●**膀胱炎**：下腹部中央部の違和感と痛み。排尿時に痛みが増強する。尿検査が決め手。

●**膀胱がん**：初期には痛みはなし。進むと下腹部の痛みと排尿時の痛み、尿に血液が混じったりして血尿がでる。尿検査と画像検査が必要。

●**前立腺肥大症**：はじめ痛みはない。頻尿と夜間頻尿、排尿障害が主症状。肥大の程度が大きいと、下腹部や会陰部の痛みがくることがある。前立腺がんとの鑑別診断が必要。

●**前立腺がん**：初期には痛みなし。進むと下腹部や会陰部の痛み。排尿時の痛み、射精時の痛み、また骨転移すると身体のいろいろなところに痛みがくる可能性がある。血液検査（PSA値）や画像検査、組織検査が必要。

これらの病気の痛みに対し、ペインクリニックではそれぞれの疾患の化学療法や手術療法にともなって痛みがあれば、各専門医と協力して痛みの緩和をはかります。また痛みの緩和によって化学療法や手術療法の効果が上がることもわかっています。

たとえば、腎結石や尿管結石の治療には大量の水を飲むか、点滴で水分を与えて、利尿剤で尿をだすようにしますが、そのとき持続硬膜外ブロックをすると尿管が弛緩し石がでやすくなり、痛みもなくなり治療効果を上げるので、患者さんも楽に治療ができます。

女性特有の痛み：生理痛（月経困難症）

月経時に下腹部痛、腰痛などの疼痛を訴える病気（図3-60）で、ひどくなると社会生活が困難になります。器質的な異常のない機能性月経困難症と、器質的疾患をともなう器質性月経困難症（続発性月経困難症）があります。

原因としては、月経時に子宮内膜でつくられるプロスタグランジン（PG）という、生理活性物質の産生過剰などが推定されています。PGは全身の血管平滑筋を収縮させて頭痛や嘔吐などを引き起こし、子宮の過剰収縮による痛みを引き起こします。

図3-60：子宮付属器と生理痛

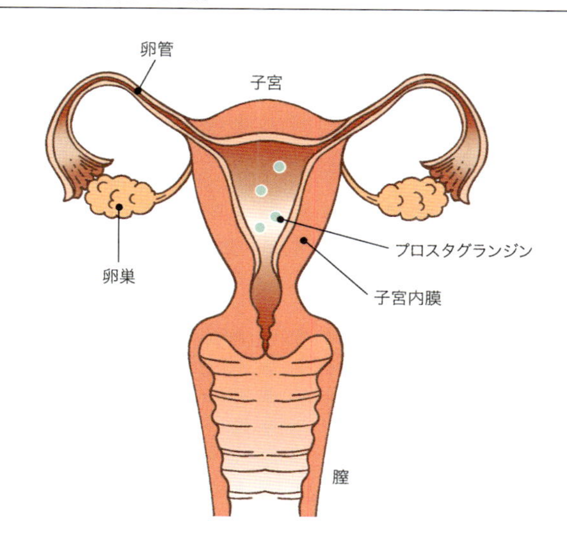

子宮内膜でつくられるプロスタグランジンによって全身の血管や子宮の過剰収縮を引き起こし、生理痛を生じると考えられている

器質性月経困難症は、子宮内膜症や子宮腺筋症、子宮筋腫、まれに子宮の奇形によることがあります。症状は月経にともなう下腹部痛や腰痛、頭痛、下痢、発熱、吐き気(悪心)、嘔吐などです。

月経痛の程度を評価するにはVRS(Visual Rating Score)とNRS(Numerical Rating Scale)の2つの方法があります(P.197の図4-1参照)。

検査としては、内診や直腸診、超音波断層法などにより器質的疾患の有無を調べます。子宮内膜症や子宮腺筋症、子宮筋腫、子宮の奇形の診断にはMRIが有用です。また、子宮内膜症や子宮腺筋症が疑われる場合は、補助診断として血液中のCA125(腫瘍マーカーの1つ)を測定することもあります。器質的疾患が原因の場合は、その病気の治療を行います。

機能性月経困難症では、痛みが軽度であれば鎮痛薬の内服と経過観察でよいと思います。鎮痛薬としては主としてPGの合成阻害作用をもつ非ステロイド性鎮痛薬(NSAID)や漢方薬を月経前から内服します。痛みの強いものに対しては、低用量ピルの内服で月経量が減り、多くは痛みも改善します。

低用量ピルは器質的疾患をともなう場合にも有効です。手術療法としては、腹腔鏡を使った仙骨子宮靭帯切断により靭帯内の求心性神経を切断する方法や、仙骨前面の神経叢を切断する方法もあります。

症状が強い場合は、子宮全摘術や卵巣摘除術が必要になることもあります。月経痛は若い女性にはかなりの頻度で見られますが、年齢や出産回数とともに減っていきます。痛みの程度が強い場合や、高年齢にもかかわらず月経痛が現れた場合は、産婦人科への受診をすすめます。

第4章

痛みをどうケアすればよいのか

痛みをどうやって評価するか?

臨床の場で、痛みを客観的に評価することは困難です。皮膚の上から電気刺激を行い、痛みが起こる電流の強さを測定して病気による痛みと比較したり、「アルゴメトリー」という器具で圧刺激して、痛みの起こる圧を測定して比較するなどの方法が試みられていますが、多忙な日常診療においては不向きです。

日常の臨床では、主として患者さんの痛みの主観的評価が用いられています。

痛みの強さの評価

痛みの強さを評価するには、以下のような方法があります。

①**視覚的アナログスケール**(visual analogue scale : VAS):この評価方法が一般的です。これは、長さ100ミリの線を引いた細長い紙などを被検者に見せ、左端を無痛、右端はこれまで感じた最悪の痛みと説明して、現在感じる痛みの程度を鉛筆などでマークしてもらいます(**図4-1上**)。

②**数値的評価スケール**(numerical rating scale : NRS):痛みの強さを0から10までの11段階として、現在感じている痛みの程度を口頭で伝えてもらいます(**図4-1中**)。

③**口頭式評価スケール**(verbal rating scale : VRS, verbal description scale : VDS):あらかじめ決めてある痛みの強さのスコアを口頭で伝えてもらいます(4段階/0:痛みがない　1:少し痛い　2:かなり痛い　3:耐えられないほど痛い　など)。

④**その他—小児用にフェイススケール**(face rating scale : FRS):視覚的にイラスト化したものです(**図4-1下**)。

上記以外に痛みの質の評価として、マクギル疼痛質問表、

MPQ (McGill Pain Questionnaire) があります。 マクギル大学のメルザック博士が1975年痛みに関連した多数の単語を分類した質問表ですが、かなり複雑なためその簡易型が心理学領域で用いられています。ほかにも行動によって評価する方法があります。

図4-1：痛みの強さの評価

視覚的アナログスケール(VAS)

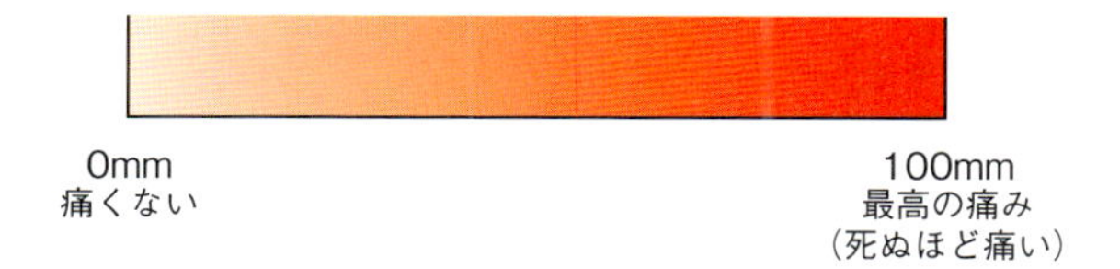

数値的評価スケール(NRS)

0：痛くない
1：ほんの少し痛い
2：少し気になる痛み
3：気になる痛み
4：かなり気になる痛み
5：非常に気になる痛み
6：仕事にさしさわる痛み
7：仕事ができない痛み
8：なんとかがまんできるが痛い
9：がまんできない痛み
10：死にたいほどの痛み

フェイススケール(FRS)

痛みをいかに診断するか

痛みの診断としては、臨床薬理学的方法が用いられています。先述した交感神経節のテストブロックによる効果によって痛みが止まれば、虚血性の痛みであることがわかります。抗炎症（消炎）鎮痛薬の内服によって痛みが取れたら、炎症による痛みということがわかります。また、抗けいれん薬の内服によって痛みが取れれば、けいれんと関連ある痛みと診断がつきます。また抗うつ薬や向精神薬内服によって痛みがやわらぐと、心因性の影響が強いと考えられます。このような診断法を薬理学的診断法といいます（表4-2）。

表4-2：痛みの薬理学的診断法

方法	効果	診断
1.交感神経節ブロック	深部皮膚温上昇 痛み軽減	虚血性疼痛
2.消炎鎮痛薬投与	炎症と痛み軽減	炎症性疼痛
3.上記の方法にまったく効果が見られない	なし	神経障害性疼痛 （ニューロパシックペイン）
4.抗不安薬投与	疼痛軽減 不安消失	不安緊張性疼痛
5.抗うつ薬投与	うつ症状軽減 疼痛軽減	心因性疼痛

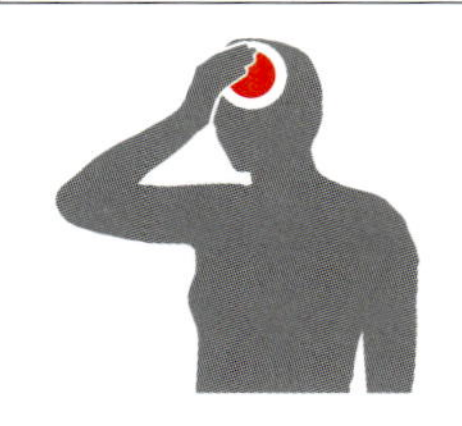

脳内に存在する麻薬様物質の関与を見るために、「ナロキソン」という麻薬拮抗薬（μオピオイド受容体遮断薬）の効果を見ることによって、鎮痛薬を選択できることもあります。

痛みはきわめて個人的な性格をもっており、その表現も多彩ですので、痛みのみで病態を判断することは困難です。前述したビジュアル・アナログ・スケール（visual analogue scale）、あるいはヌメリカル・レイティング・スケール（numerical rating scale）という方法が臨床では一般的に用いられていますが、これらの方法だと、前述したようにその表現には個人差があります。そのときの心理的な状態で変化します。

ゆううつになると数値が高くなります。バックグラウンドミュージックなどがあれば数値が低くなることも知られています。また、天気によってその数値が変化することもよく知られています。寒さや高湿度、低気圧などは数値を高めます。

その背景には、情動と関係する大脳辺縁系（海馬や扁桃体など）や自律神経の中枢にあたる視床下部という場所が大きく関与しています（P.27の図1-13、P.37の図2-3、P.38の図2-4参照）。したがって、痛みの診断と治療にあたっては、ケースバイケース、ホームメイド的な治療が求められてきます。

そこで私見ですが、視床下部は「目に見えない静かな体のエンジン」と考えられます。すべての身体の情報を「最終共通路」として交感神経活動やホルモンをコントロールし、痛みに大きくかかわっています。このエンジンを直接治療の対象にするのは困難です。そこで、そのエンジン機能に影響をおよぼす種々の要因を総合的に診断し、治療する必要があります。

痛みをやわらげる戦略

以上の背景から、痛みの緩和の戦略として、炎症性疼痛には抗炎症鎮痛薬、末梢循環不全による疼痛に対しては交感神経節ブロックまたは体性神経の選択的神経ブロック（低濃度局所麻酔薬による交感神経節後線維を含む細い神経線維のみの遮断）、神経因性疼痛に対しては抗うつ薬や抗けいれん薬、あるいは物理的刺激（電気刺激を含む）によって、もともと身体の中に備わっている内因性鎮痛機構を活発化することなどが考えられます。これらの原因が混在している場合（がん性疼痛などの場合など）は、麻薬の使用なども考えられます。図4-3、P.202の図4-4にその戦略のあらましを示しました。

なかでも、薬を使わず内因性の鎮痛機構を活発化したり、神経ブロックによる循環改善策などが、副作用はなくもっとも理にかなっていると考えます（1、2）。

しかし実際の臨床においては、これらの因子が複合的に作用し合い、なかなかひとすじなわではいかないことが多々あります。患者さんの体質や性格、性別、年齢、職業、既往歴、気候なども複雑に疼痛発生のメカニズムに影響しています。

そこで、オーダーメイド的に治療法の選択をせざるをえないことがしばしばです。すなわち、エビデンスにもとづく医療（evidence-based medicine）のみならず、対話にもとづく医療（narrative-based medicine）がより重要になってきます。

1　下地恒毅（編著）『刺激鎮痛のすべて』（新興医学出版、2010年、p17〜36）
2　Chou R, Atlas SJ, Stanos SP, Rosenquist RW.：Nonsurgical interventional therapies for low back pain: a review of the evidence for an American Pain Society clinical practice guideline.Spine 2009；34:1078-93.

図4-3：痛みをやわらげる戦略Ⅰ

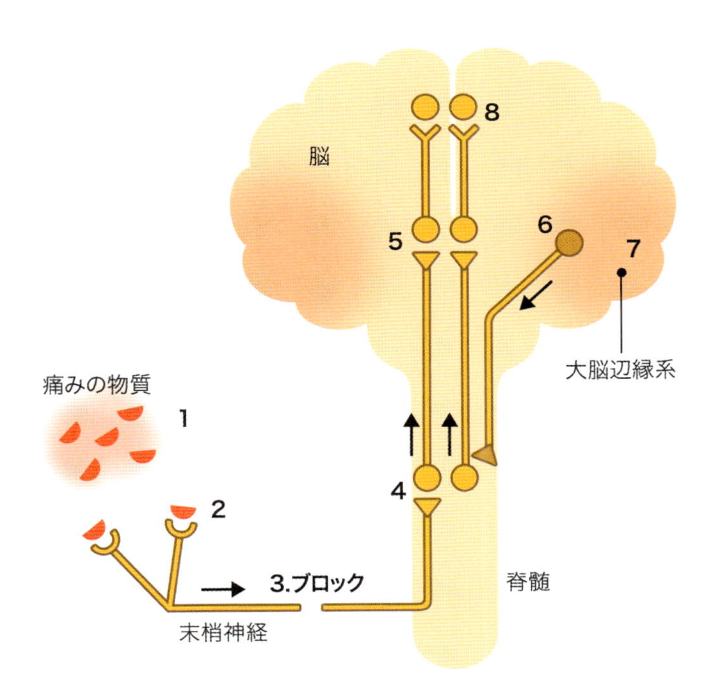

1. 痛みの物質の合成を抑える
2. 痛みの物質と受容体との結びつきを阻害する
3. 傷みの伝導を遮断する
4. 痛みの化学伝達を抑える
5. 痛みを脳で感じなくするか、痛みを苦痛でなくする
6. 痛みを抑制するメカニズムを活性化する
7. 痛みの記憶をやわらげる
8. 不安を除去する

がん性疼痛に対しても、基本的には慢性痛の場合と同様ですが、早期に十分な疼痛緩和をはかることが大切です。その理由は痛みが記憶されること、また疼痛緩和を十分にはかることにより、がんによって生じる種々の合併症を抑えられることも報告されているからです。

麻薬によって生じる副作用は、十分にコントロールできます。

図4-4：痛みをやわらげる戦略Ⅱ

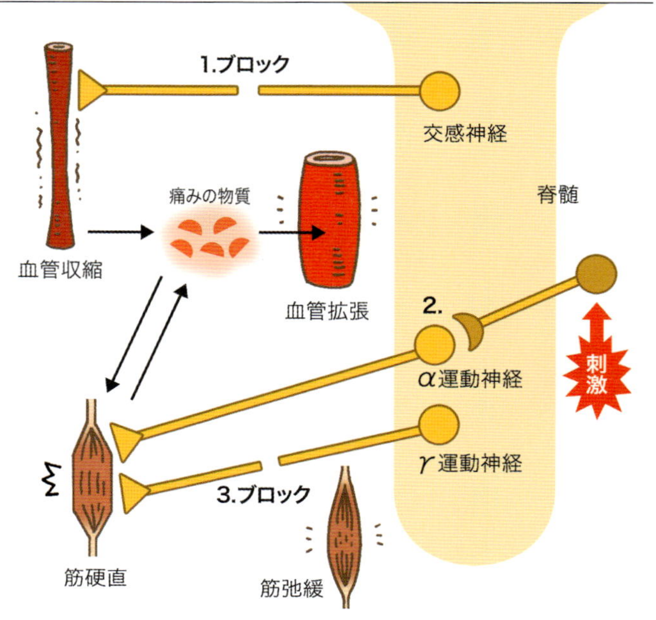

1. 虚血によって生じた痛み物質を、血管を拡張させて洗い流す（交感神経ブロック）
2. 筋硬直（筋緊張）を抑え、蓄積した痛みの物質を流す（神経ブロック、電気刺激、中枢性筋弛緩薬など）

ただ、麻薬によっても緩和されないがん性疼痛が15～30％に見られることも事実です。このような患者さんにおいては、ほかの方法を同時に併用することが必要になってきます。すなわち、神経破壊薬による永久神経ブロックや外科的な方法です。

慢性疼痛疾患のなかで、特に神経因（障害）性疼痛の緩和は容易ではありません。たとえば、帯状疱疹後神経痛や外傷後などに起こる複合性局所疼痛症候群（CRPS）などです。その発生機序がまだ十分に明らかでないことにもよります。

前述したように、脳や脊髄内でニューロンの網目のような構造の病的なリフォームが生じることが、その機序の一部に関与しているようです。言い換えると、脳や脊髄のニューロンの可塑性（外的刺激によって、常に機能的・構造的変化を起こしていること）に病的変化が生じることです。

交感神経過緊張による悪循環を断ち切る

慢性痛は1つのストレスとして作用します。逆に精神的なストレスは慢性痛を引き起こします。これらのストレッサーは大脳皮質に受け止められて、感情の中枢である大脳辺縁系に作用します。そこで、不快や苦しみなどの感情、情緒がわき起こります。その状態が続くと大脳全体の統御機能に障害が起こり、うつ症状がでてきます。

また、大脳辺縁系から結びつきの強い視床下部という自律神経とホルモンの中枢に情報が送られ、交感神経活動の過緊張状態が招来します。この交感神経過緊張状態こそ、いろいろと悪さをする元凶といってもいいと思います。

このように慢性痛やストレス、不眠、交感神経過緊張はそれぞれお互いに相手を亢進させます。それに対処するには、その悪の因子それぞれに対処することです。なかんずく慢性痛によって起こる交感神経過緊張が悪循環の根源であり、また結果でもあるのでその根源と結果を断ち切るのが、治療としては副作用も少なく効果的といえます(図4-5、P.45の図2-8参照)。ペインクリニックにおける神経ブロックは、大部分が交感神経活動のブロックにその治療効果を置いていると、私は考えています。

交感神経の過緊張が、慢性の痛みの原因とその悪循環に大きくかかわっていることを、いくつかの事例で第2章に述べました。痛みだけでなく、すべての病気に交感神経緊張がその原因や悪循環にかかわっていることが、これまでの臨床経験から考えられます。そのためには交感神経過活動を起こしている原因と、その活動をブロックすることです。

これらの症状は、局所あるいは全身の交感神経過緊張が原因のことが多々あります。交感神経緊張状態をもたらすのは、①全身性のもの、すなわち気持ちのもちようが1つ、もう1つは②局所反射性に起こってくる交感神経過緊張です。その局所性の過緊張は周囲に広がり、またその程度が強くなると、今度は脳を刺激して全身の交感神経の過緊張を招きます(図4-5、P.12の図1-2参照)。持続的な交感神経過緊張は、種々の病気の進行を早めたり悪化させたりします。

局所性に生じている交感神経過緊張があれば、交感神経節ブロックを行うと血管が拡張し、次第に症状は取れてきます。痛みの原因がかえってわかりやすくなります。

精神的な緊張からくる交感神経過緊張症状であれば、その原因によって抗不安薬(「デパス」など)、抗うつ薬(「デプロメール」「テトラミド」など)を処方することによって交感神経過緊張を抑えることもできます。バランスのよい抗不安薬・抗うつ薬の使用や交感神経節ブロックで症状が治まることもあります。

図4-5：痛みの悪循環を交感神経過活動の部分（①～④）でブロックするか、またはその活動を助長する部位でブロック

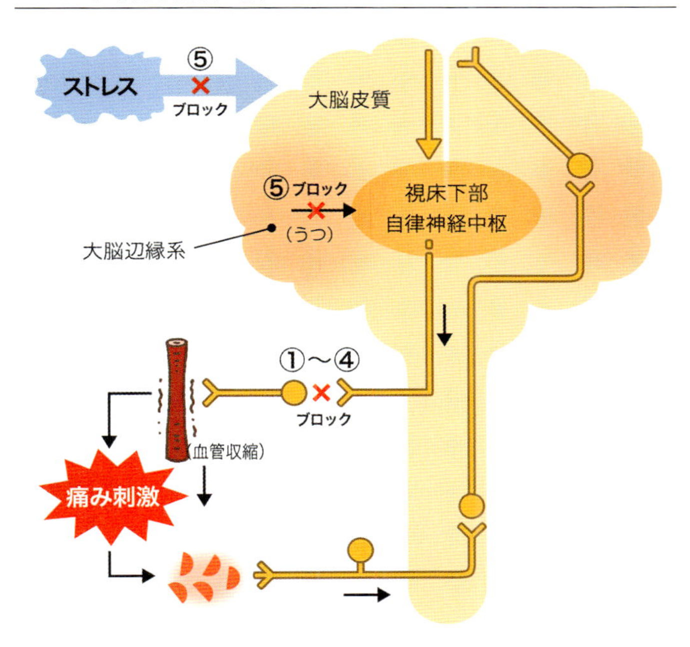

<交感神経過活動をブロックする方法>

①星状神経節ブロック――頭部や顔面、頚部、上肢、胸部（心臓）などの虚血性の痛み
②胸部交換神経ブロック――心臓神経症、上肢多汗症、バージャー氏病など
③腹部交感神経ブロック――内臓痛（急性・慢性膵炎、がん性疼痛など）
④腰部交換神経ブロック――下肢の虚血性の痛みなど
⑤全身の交換神経過活動をブロック

痛みの記憶をブロックする

神経科学の領域では、神経の可塑性（plasticity）という言葉が最近よく使われます。前に述べたように、学習や記憶のしくみに似て、痛みによる神経の可塑性（つまり痛みの記憶）が重要な働きをしていることが知られています。痛みが持続すると痛みを伝える末梢神経（一次ニューロン）の受容体や脊髄、脳の中で神経と神経をつなぐシナプス（神経と神経をつなぐ間隙で、ここで神経の化学的伝達が行われる）の化学的伝達に変化が起こり、これによって神経網（神経の網の目のようなネットワーク）の再構築が生じて、病的な神経活動が持続するようになることが知られてきています（第1章参照）。

このような、いわば「痛みの記憶」が人でもかなり早い時期から生じていることが示唆されています（図4-6）。これらの研究から、できるかぎり早い時期から痛みの治療を行う「先攻鎮痛」の概念が生まれ、臨床的にも応用されだしています。たとえば手術操作による痛み刺激を抑え、術後に痛みが起こらないように術前から強力な鎮痛処置を行うことによって術後痛の発生が抑えられます（1、2）。

慢性痛の病気で、この「痛みの記憶」が実際の病態にどの程度かかわっているか、まだ証明されていません。しかしその可能性があれば、早期に治療を開始したほうが、痛みの悪循環をブロッ

1　Aida S, Yamakura T, Baba H, Taga K, Fukuda S, Shimoji K.：Preemptive analgesia by intravenous low-dose ketamine and epidural morphine in gastrectomy: a randomized double-blind study.　Anesthesiology. 2000 ;92:1624-30.
2　Aida S, Fujihara H, Taga K, Fukuda S, Shimoji K.:Involvement of presurgical pain in preemptive analgesia for orthopedic surgery: a randomized double blind study.Pain. 2000;84:169-73.

図4-6：痛み刺激のブロックはスピードが重要

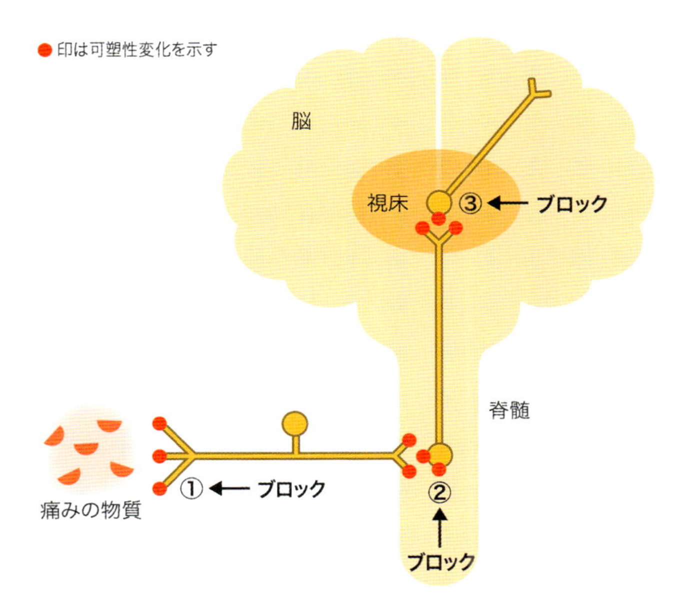

痛み刺激は受容器（①）や脊髄のシナプス（神経のつなぎ目）（②）、脳のシナプス（③）で可塑性の変化（機能や構造の変化）が生じる。すなわち記憶される。したがって、記憶される前に早めに痛みの治療や予防を行う

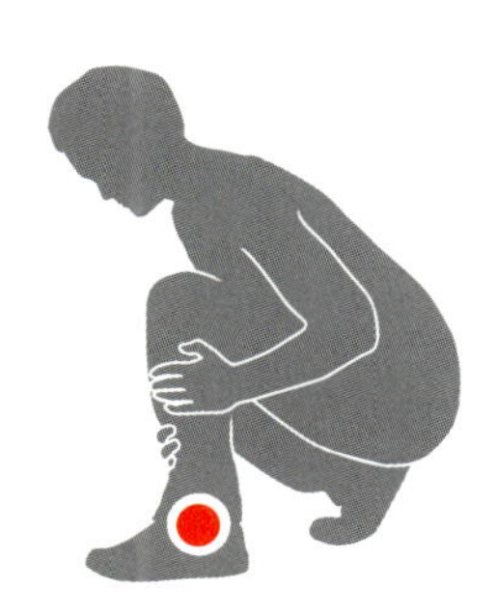

クするうえでも、またこの記憶の形成される前に治療をするのが合理的だと考えられます。

このような神経組織の損傷の修復過程で、どうしてのちのちまで痛みが持続するようになるのか、すなわち記憶されるのか、その発生機序はまだ解明されていません。痛みが持続すると、自律神経機能に影響をおよぼすばかりでなく、精神機能に影響をおよぼします。痛みそのものが1つの病態をかたちづくるだけでなく、病気そのものを悪化させることも知られています。

痛みは記憶され、痛みが持続し、また次に起こる痛みに対して敏感になり、その記憶が再現されて情動をともなう（苦しく思ったり、ゆううつになったりする）ようになります。すなわち痛みが持続すると、不安や抑うつなどの精神的な影響が現れてきます。

したがって疼痛に対しては、早め早めに十分に緩和させることが、痛みの記憶をブロックする対策として考えられます（1）。

身体の中の疼痛抑制機構を活性化する

一方、生体には前述したように、痛みに対する疼痛抑制機構があることが、1960年代から1970年代にかけてわかってきました。ゲートコントロール説（P.17の図1-6参照）は、臨床におけるいろいろな物理的除痛手段（たとえば脊髄電気刺激や末梢神経電気刺激、ハリ刺激など）を説明する根拠となっています（2、3）。

1 Boonriong T, Tangtrakulwanich B, Glabglay P, Nimmaanrat S. :Comparing etoricoxib and celecoxib for preemptive analgesia for acute postoperative pain in patients undergoing arthroscopic anterior cruciate ligament reconstruction: a randomized controlled trial. BMC Musculoskelet Disord. 2010 Oct 25;11:246.
2 Reynolds DV. : Surgery in the rat during electrical analgesia induced by focal brain stimulation. Science. 1969;164:444-5.
3 Shealy CN, Mortimer JT, Hagfors NR.:Dorsal column electroanalgesia. J Neurosurg. 1970;32:560-4.

脊髄の硬膜外腔（脊髄をおおっている硬膜と、脊椎骨をおおっている黄靭帯の間の腔）に、電極を装着したやわらかい持続硬膜外麻酔用カテーテルを挿入し、皮膚の外から微弱電流を流すと、鎮痛効果が得られます（4、5）。その鎮痛効果は脳内の鎮痛機構を賦活（ふかつ）していることが、脳内に麻薬様物資の発見（6）によって、その関与が一部あることもわかりました。

すなわち、脳の中に麻薬様の鎮痛物質がもともとあり、みずからの痛みに対して抑制するメカニズムが存在するならば、この鎮痛機構を活性化することが、自然な治療法ということになります。

脳や脊髄などの中枢神経刺激によって起こる電気刺激鎮痛やハリ、そのほかの物理的刺激も、脳や脊髄の麻薬様物資（オピオイド）の遊離をもたらすことが明らかになってきました。その後の研究によって、この内因性の鎮痛機構はオピオイド系と非オピオイド系があることもわかってきました。すなわち、中枢神経内にはみずから鎮痛機構が備わっており、上向性あるいは下向性鎮痛抑制系として、生

4　下地恒毅、東英穂、加納龍彦、浅井淳、森岡亨：局所通電による疼痛除去の試み［Electrical management of intractable pain］. 麻酔20:444-447、1971.
5　Shimoji K, Higashi H, Terasaki H, Morioka T.Clinical electroanesthesia with several methods of current application.Anesth Analg. 1971;50:409-16.
6　Hughes J, Smith TW, Kosterlitz HW, Fothergill LA, Morgan BA, Morris HR. Identification of two related pentapeptides from the brain with potent opiate agonist activity.Nature. 1975;258:577-80.

理的に作動しています（図4-7）。

脳や脊髄を刺激する鎮痛法は、薬物や神経ブロックなどの方法で治らない、頑固な痛みに対して実際に行われています。

図4-7：身体の中に備わっている鎮痛（疼痛抑制）機構を活性化する

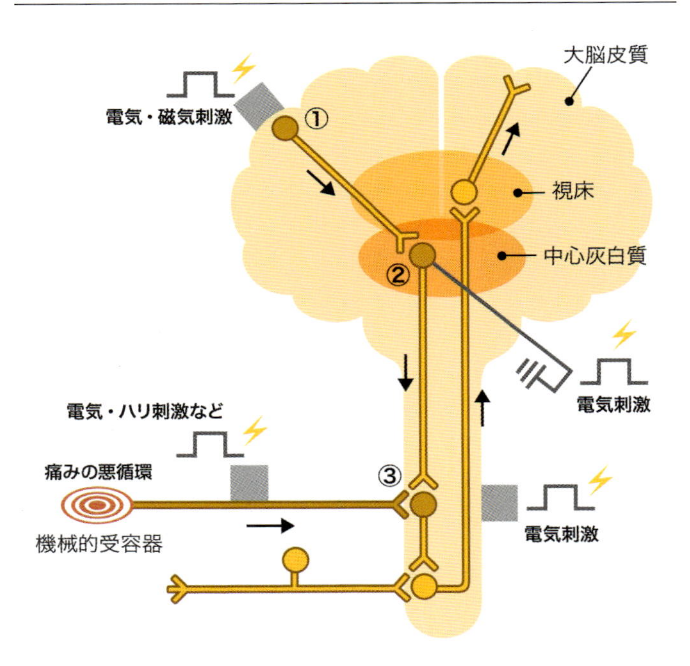

大脳皮質（①）や脳深部（②）を電気刺激したり、脊髄後面（③）を硬膜外腔から電気刺激を与えたりすることによって、脳や脊髄に備わっている鎮痛機構を賦活して、痛みを緩和する方法がある。皮膚の上から電気刺激を加えたり、ハリ刺激で鎮痛効果を得ることもある

痛みに対する実際の治療法

以上のことから痛みをやわらげる治療法として、炎症の痛みには抗炎症鎮痛薬、末梢循環不全による痛みに対しては交感神経節ブロックまたは体性神経の選択的神経ブロック（低濃度局所麻酔薬による細い神経線維のみの遮断）、頑固な強い痛みに対しては麻薬、神経因性の痛みに対しては抗うつ薬、抗けいれん薬あるいは物理的刺激（電気刺激を含む）による中枢神経内にもともと備わっている痛みを抑えるメカニズム（疼痛抑制系）を賦活させる、などが考えられます。

がん性疼痛に対しても、基本的には慢性痛の場合と同様、早め早めに十分な疼痛緩和をはかることにあります。疼痛緩和を十分にはかることによって、がんによって生じる種々の合併症を抑えることができます。また、麻薬によって生じる副作用は十分にコントロールできます。

慢性疼痛といっても、その因子はいろいろです。そのなかで特に神経因性（障害性）痛の緩和は容易でありません。その発生機序が、まだ十分に明らかでないことにもよります。わかっていることは、脳や脊髄内でニューロン網（神経細胞の網の目のような構造）に病的なリフォームが生じることです。言い換えると、脳脊髄内ニューロンの可塑性（P.43「痛みは記憶される」参照）に変化が生じることです。

治療にあたっては、①神経細胞のつなぎ目の病的状態を正常な結合に戻すこと、②病的状態の結果、起こった痛みを不快でないようにすること、③神経細胞の病的な結合に対抗して別の新しい結合をつくり、痛みの情報を変調させること、④神経細胞の病的結合が活動しないように痛みの抑制機構を賦活させること、などが考えられます。あらゆる手段を用いた総合的な治療対策が必要です。

1　神経ブロック

神経ブロックとは、神経の近くまで注射針を進め、まず慢性の痛みの病気（慢性疼痛疾患）に対しては、①痛みを伝える神経の活動をブロックすることによって痛み感覚の伝導を抑える、②交感神経（節後神経）をブロックすることによって血管を拡張させ血流をよくする、③γ運動神経をブロックして筋肉の緊張を抑える、のが目的です。このように選択的に細い神経をブロックする方法を「選択的神経ブロック」といいます（P.205の図4-5参照）。硬膜

図4-8：硬膜外ブロック（横断図）

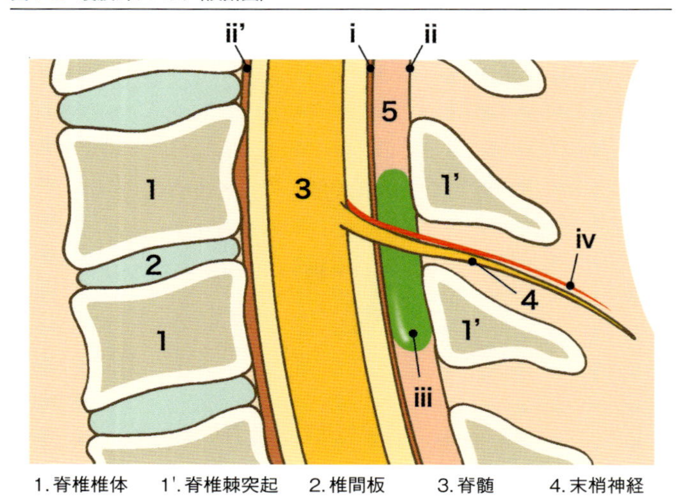

1. 脊椎椎体　1'. 脊椎棘突起　2. 椎間板　3. 脊髄　4. 末梢神経
5. 硬膜外腔　i. 硬膜　ii. 黄靭帯　ii'. 後縦靭帯
iii. 硬膜外腔に入れられた薬液　iv. 末梢血管

外ブロックの例を図に示します(図4-8)。

運動神経や知覚神経のうち身体の位置覚や触覚、振動覚など、身体の姿勢や運動に携わる知覚神経の機能は温存して、病的痛みを伝える細いC線維や、これまた細い交感神経節後線維を低濃度局所麻酔薬でブロックします。ブロックによって病的痛みを取り、血流を増加させます。

痛みを取り、血流を増加させることがこの治療法の本体です。特に、血流増加による局所の血行改善が、神経ブロックの慢性疼痛疾患に対する予防的治療効果につながっていると考えられます。病的痛みによって生じた悪循環(P.35の図2-1、P.45の図2-8参照)を断ち切って、正常なホメオスターシス(恒常性)へ導く手法です。

2　電気的治療法

これにはいろいろな機器が開発されています(1)。電気器具店には、一般家庭で使用できる経皮的末梢神経電気刺激装置があります。その装置も、電気的パルス波で太い末梢神経を刺激して、ゲートコントロール説(P.17の図1-6参照)にもとづいて痛みの化学的伝達を抑制しようとの意図でつくられたものです。東洋医学的ハリ治療と組み合わせたハリ刺激法もあります。この方法は直接末梢神経を刺激するのではなく、東洋医学的なツボを刺激する点が異なります。この方法は鍼灸院(しんきゅういん)や一部の病院でも行っています。効果のメカニズムはいまだわかっていません(P.215の図4-9参照)。

脊髄を背面から刺激する方法があります。実際には脊髄の硬膜の外に硬膜外腔というスペースがありますが、そこに細い電極

1　下地恒毅『ペインクリニックの理論と実際』(1988年、新興医学出版) pp129-131.
2　下地恒毅(編著)『刺激鎮痛のすべて』(2010年、新興医学出版) pp1-51.
3　Shimoji K:Spinal cord stimulation and recording technique. Neuromonitoring for the Anesthesiologist,edited by Koht A,Soan T,Toleikis R,2010, in press.

を植え込み、自分で刺激する方法です(2、3)。この方法は頑固で種々の治療に反応しない痛みに対して行うことがあります。

脳深部刺激や脳表面刺激は、脊髄電気刺激と同様の細い電極を脳に植え込んで電気刺激する方法です。この方法も種々の治療に反応せず、治療困難な症例で行います。下向性疼痛抑制系の賦活を目的にしています。

最近は経皮的に迷走神経刺激法も行われるようになりました。この方法は脳神経の一部である迷走神経(副交感神経が多く含まれている)が、脳からでて頚部を下る部分の皮下に電極を植え込んで、刺激する方法です。交感神経過緊張に対してバランスを取り、または副交感神経活動が優位になるように刺激します。痛みだけでなく、認知症や一部のてんかん、うつ病、などの精神疾患のみでなく、心不全などの循環の病気にも応用されつつあります。

3　いろいろな物理的治療法

リハビリテーションにおける治療法の大部分が、これにあたります。物理的にホットパックやマイクロウェーブで温熱を加えて局所の血流を改善したり、マッサージにより筋肉の硬直をほぐして血流を改善したりする方法や、ストレッチなどで関節の動きを矯正したり動きやすくしたりします(1)。

また痛みのために歩行困難な症例では、ペインクリニックと共同で神経ブロックにより痛みを取ったあとで、歩行訓練したりします。もっとも効果的な物理的治療法は、繰り返しになりますが、歩行や運動、ストレッチなど、自分に合った手段で行う方法です。また、その方法を継続することです。

ハリ治療もこの範疇に入ります。伝統的な中国の経絡にしたがって、それぞれの病気や痛みに合わせ、ツボにハリを刺入して治療を行います。その作用機序はまだはっきりしていません。

図4-9：慢性疼痛に対する物質的治療法

① ホットパック

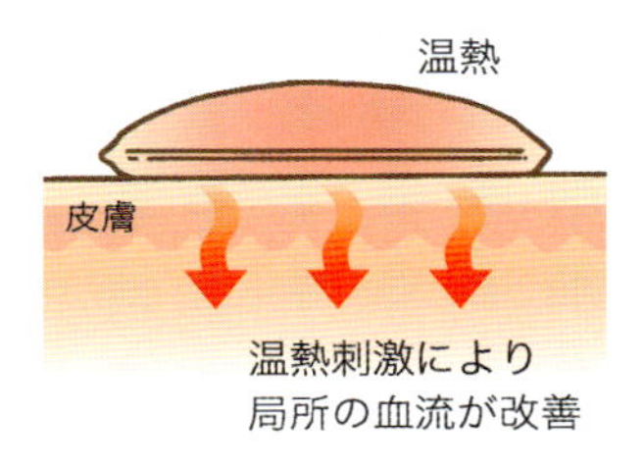

温熱刺激により
局所の血流が改善

② マイクロウェーブ

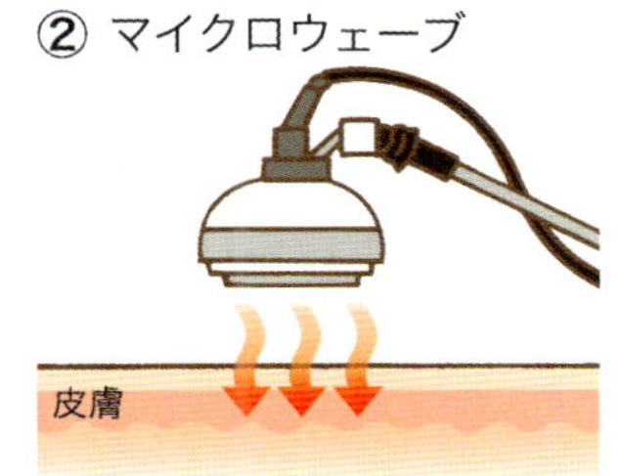

ホットパック同様

③ マッサージ

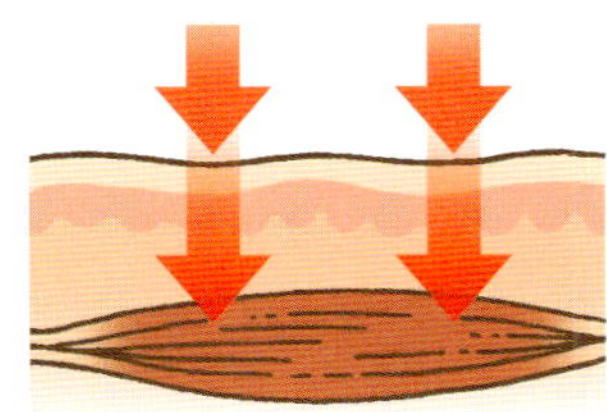

皮膚のマッサージで
皮膚の血流増加、
筋マッサージで筋血流↑

④ ストレッチ

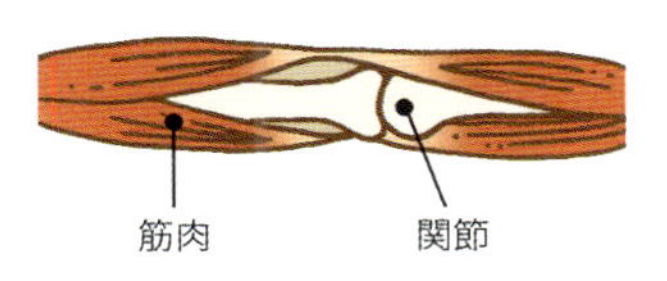

筋硬直が取れて筋血流が
よくなり、筋弛緩が得られる

⑤ 歩行訓練

神経ブロック→痛くない

歩行訓練がやりやすくなる

⑥ ハリ治療

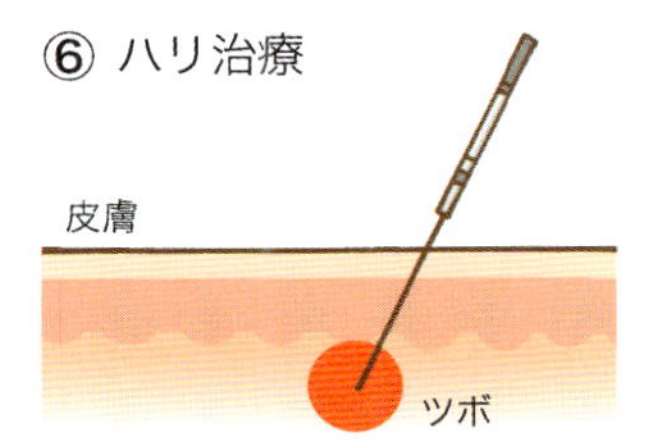

4　最小侵襲手術

最小侵襲手術とは、あまり体に負担を与えないで、できるだけ小さな傷口や侵襲の少ない手術法で手術を行う方法です。神経ブロックの手技やその応用、内視鏡の発達などにより、これが行われるようになりました。内臓のみならず、多くの手術がこの方法で可能です(1)。

脊椎だけでなく、脊髄の手術までも極微小内視鏡を用いることで、診断のみならず、手術もできる可能性がでてきました(2〜5)。

椎間板ヘルニアに対しては、従来、手術的に椎弓切除術が行われていましたが、最近では、ブロック針を経皮的にヘルニアを起こしている椎間板に、刺入して減圧したり摘出したりできるようになりました。当施設での成績もかなりよいようです(写真4-10、写真4-11)。この新しい方法はさらに長期に追跡調査する必要があります。

5　痛みの治療薬

痛みの治療薬も千差万別です。

炎症による痛みには、抗炎症鎮痛薬がよく使用されていますが、合剤もあります。効果が少ないかあるいは副作用(薬疹がでる、胃が痛いなど)がある場合は、薬の処方をほかの薬に変える必要があります。

抗てんかん薬は、一部の神経原性疼痛に効果があります。その

1　下地恒毅(編著)『電気鎮痛のすべて』(2010年、新興医学出版)2010;pp55-99.
2　Shimoji K, Fujioka H, Onodera M, Hokari T, Fukuda S, Fujiwara N, Hatori T.：Observation of spinal canal and cisternae with the newly developed small-diameter, flexible fiberscopes. Anesthesiology. 1991;75:341-4.
3　Uchiyama S, Hasegawa K, Homma T, Takahashi HE, Shimoji K.：Ultrafine flexible spinal endoscope (myeloscope) and discovery of an unreported subarachnoid lesion.Spine 1998;23:2358-62.
4　Tobita T, Okamoto M, Tomita M, Yamakura T, Fujihara H, Baba H, Uchiyama S, Hamann W, Shimoji K.：Diagnosis of spinal disease with ultrafine flexible fiberscopes in patients with chronic pain.Spine 2003;28:2006-12.
5　Shimoji K, Ogura M, Gamou S, Yunokawa S, Sakamoto H, Fukuda S, Morita S.：A new approach for observing cerebral cisterns and ventricles via a percutaneous lumbosacral route by using fine, flexible fiberscopes.J Neurosurg. 2009;110:376-81.

写真4-10：椎間板ヘルニア（42歳・男性）のMRI像（左）と、同患者における経皮的椎間板減圧術のレントゲン像（右）

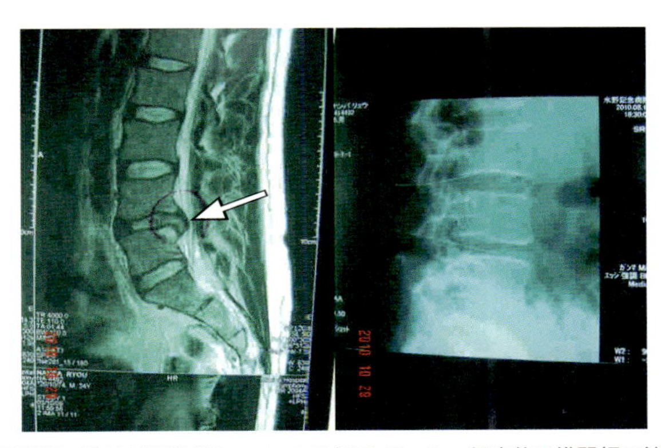

椎間板の髄核が脊柱管にヘルニアを起こしている。経皮的に椎間板に針を刺入して減圧術をしているところがレントゲンで示されている。上側の針はガイドの目的で刺入されている

写真4-11：経皮的椎間板減圧（摘出）術中のレントゲン写真

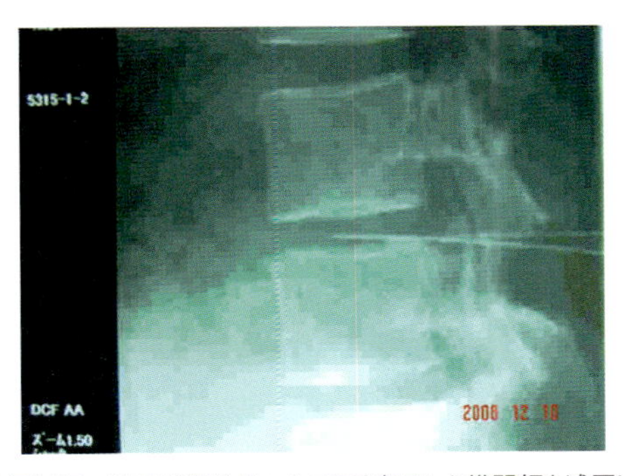

局所麻酔下に細い針で経皮的にヘルニアを起こした椎間板を減圧しているところ。ヘルニアを起こした椎間板が神経や血管を機械的に圧迫して痛みを起こすと考えられている。最小の侵襲でいかに最大の効果をあげるかの挑戦は続く

作用機序はよくわかっていません。おそらく脳内の抑制性伝達物質であるγ-アミノ酪酸の作用を増強するのではないかといわれています。同じく「カルバマゼピン(テグレトール)」も抗てんかん薬ですが、三叉神経痛のような発作性の神経痛に効果を現します。

これら抗てんかん薬には、眠気や幻覚、立ちくらみ、そのほか血液の変化などの副作用があるので、医師との連絡を十分に取りながら使用する必要があります。また、定期的な血液の検査が必要です。

作用機序はわかっていませんが、漢方薬や一部のハーブ類が効果を現すことがあります。いずれにしても、できるだけ薬に頼らない方法で痛みに対処することです。

同時に強いうつ症状があれば、抗うつ薬、不安症状があれば抗不安薬などの薬を同時に使用することで効果が増すことがあります。また、併用によって副作用も増大する可能性があります。

これらの痛みの治療手段をどのように組み合わせるかによって、痛みの治療効果や予防効果に影響してきます。「薬は使いよう」です。

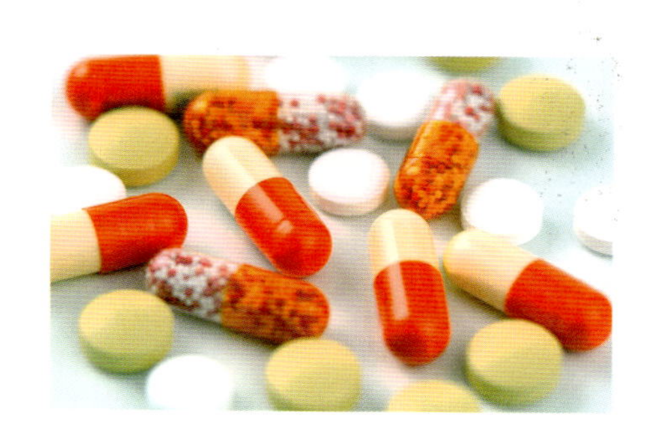

痛みの外来（ペインクリニック）とは？

ペインクリニックとは、痛みをともなう病気の治療と、その緩和を行う外来です。主としてペインクリニック学会専門医が行っている外来です

ペインクリニックで扱う病気は、①まず痛みの治療が主となる場合です。②次に、痛みが慢性的に経過し、身体の痛みからくる不安や不眠、うつ状態などが見られる場合、③逆に不安からくる体の痛み、うつからくる身体の痛みが見られる場合、④身体の痛みからくる身体活動の低下、日常生活活動の低下がある場合などに対して、治療や予防的手段を講じたり、生活習慣の指導やサポートを行う外来です。特に最近は心の痛み、すなわち不安やうつ状態からくる身体の痛みが増えてきたように思われます。

私見ですが、「ペインクリニックとは種々の痛みの原因に対し、種々の方法を動員して心身の痛みに最適な方法で対処し、生体のホメオスターシス（恒常性）の乱れを正すための予防的治療」であると思っています。心身の痛みをやわらげるのは無論ですが、同時に個々の身体機能や生活歴、生活習慣に合わせて、全身の管理、予防的管理を他科との協力のもとで行います。救急の患者さんを救急科や集中治療室で行うことを慢性疼痛の疾患さんで行っているようなものです。

その治療的手段は施設によっても多少異なりますが、主として神経ブロック療法や薬物療法、電気刺激療法、最小侵襲外科療法、心理的療法、物理的治療法などです（P.220の表4-12参照）。

表4-12：ペインクリニックにおける種々の手技

1 神経ブロック

外来で行う神経ブロックの主目的は、細い交感神経節後繊維を低濃度の局所麻酔薬でブロックして、その支配域の血管を拡張させて血流を改善することにあります。その結果、溜まっていた痛みの物質が流され、血流が増えることによって支配領域に酸素が送られ、栄養が保たれるようになるのです。

（1）低濃度局所麻酔薬による選択的神経ブロック：硬膜外ブロックなど
（2）局所麻酔薬による交感神経節ブロック：星状神経節ブロックなど
（3）神経破壊薬による体性神経または自律神経ブロック：
三叉神経ブロック、神経根ブロック、
胸部・腰部交感神経節ブロックなど
（4）全脊髄ブロック：以上のブロックなどで効果が見られない場合

2 局所麻酔・ケタミン・麻薬静脈点滴：滴定法によって全身の痛みの緩和

3 電気刺激による鎮痛法：硬膜外脊髄電気刺激法、脳深部電気刺激法、経皮的電気刺激

4 電気凝固法

（1）体性神経・交感神経節電気凝固法：
三叉神経節、腰部・胸部交感神経節
（2）椎間板電気凝固法・摘出術・減圧術
（3）後根進入部破壊術（膠様質破壊術、DREZL）

5 その他の治療法

くも膜下ブロック、局所静脈内ブロック、
持続神経ブロック（体内植え込み式）、患者管理除痛（PCA）、
冷凍鎮痛法、バイオフィードバック、催眠法、プラセボ鎮痛など

自分でできる痛みの治療・予防法15カ条

これまでの臨床研究や臨床経験から、患者さんには次の15カ条の予防法をすすめています（P.225の図4-13参照）。

1. 痛みを抑えるメカニズム（内在性疼痛抑制機構）を活性化する

私たちの身体の中には、自然に備わった痛みを抑えるメカニズムがあります。ですから、もっとも自然で、みずからの回復力を鼓舞する方法だといえます。その方法としては、①座禅やヨガなどを行います。これはどこでもできます。②科学的な方法にしたがって催眠療法を行います。ただ、この方法は精通した専門家でないと危険も伴いますので、注意が必要です。③皮膚の電気刺激法やハリ刺激などの物理的刺激を活用します。これは自分で行うことができるものもあります。

2. 筋肉を鍛える

筋肉のこりや痛みは、外傷以外は筋肉に十分な血流がないために起こることがほとんどです。その対処法は、常時身体をよく動かし筋肉内の血液の流れをよくすることです。ただし、無理をすると逆効果になりかねませんので、要注意です。たとえば腰痛があるときは姿勢に注意し、重いものをもたないようにします（P.119の図3-30参照）。すなわち、無理のない運動をしたり、家の中でも常に身体を動かして筋肉を活発にすることです。それによって身体全体の血行もよく保たれます。歩行もその1つで、もっとも効果があることが知られています。その場合は、なるべく歩幅を広くとってください。

3. 身体を温める

温泉や風呂に入り、血行をよくします。入ったあとは身体が冷えないようにします。神経ブロック療法は、局所の血流を改善することが大きな目的です。リハビリテーション（温熱療法やマッサージなど）でも局所の血流が改善され温かく感じます。

4. 筋肉の緊張をほぐす

種々のリラクゼーションによって筋肉はほぐされます。たとえばストレッチやヨガ、マッサージなどによっても、骨や筋肉、腱などの血行がよくなり、その結果として組織の栄養がよくなります。音楽や映画、いろいろな遊戯、旅行、動物を飼う、気の合う友達との談笑など、個人の趣味や好みに合わせて行うことで、より筋肉の緊張はほぐれます。

5. 仕事を焦らずなし遂げる

いまやっている仕事を中途半端に放っておくと、交感神経の緊張状態を引き起こす可能性があります。痛みと関係がないように思われがちですが、仕事をしている人には重要なことです。

仕事を中途半端に投げだすと、それは持続的なストレスとして作用し大脳辺縁系を介してうつ状態、視床下部を介して交感神経緊張状態を引き起こします。急がず、じっくりと仕事を進めることです。かならずしも仕事が成就できるかどうかではなく、努力をしている自分を見いだすことで、自律神経の安定をはかることができます。痛みをともなう病気には、特に全身の緊張状態による血行不全が大きくかかわっています。

6. 楽しいことをする

できるだけ楽しいことをすると、副交感神経が活発になり、交感神経の過興奮を抑え、自律神経の安定が得られます。また、副交感神経が活発になることによって、脳の視床下部を介して脳下垂体からのホルモンの分泌が正常に保たれます。「病は気から」です。

7. アルコールは控えめに、タバコはご法度

適量のアルコールは、全身の血行をよくすると同時に人を愉快にします。アルコールは人と人とのコミュニケーションをよくするので、大脳辺縁系にもよく作用します。ただし、アルコールの適量はかなり人種差や個人差があります。

文献に載っているアルコールの適量は、欧米人の平均値です。よくいわれる、男性が1日2合以内、女性が1.5合以内とはあくまで平均値です。個人個人にはあてはまりません。アルコールが好きな人は定期的に肝機能の検査が必要です。アルコールの飲み過ぎによるアルコール依存症になると、治療が難しくなってきます。

タバコはすべての病気と同じように、疼痛疾患にもご法度です。タバコに含まれているニコチンは、血管を収縮することでよく知られています。神経ブロックの効果が打ち消されます。それ以上に問題なのは、タバコの煙の中に含まれている多種の毒物です。

タバコに慢性的にさらされると、細胞に異変が起こります。細胞の中の核にある遺伝子に、障害が起こってくるのです。心臓や血管に対するばかりでなく、すべての細胞にダメージを与えます。

周囲の人に対しては、吸っている本人以上に健康被害をおよぼすことがわかっています(受動喫煙、あるいは間接喫煙)。さらに最近、タバコを吸った人がいた部屋の壁や床から、強力な発がん物質が検出されています。喫煙者からは、吸っていない合間も周囲に発がん物質が空気中に発散されていることが、最近わかってきました。

8. 睡眠を十分にとる

不眠は交感神経の緊張を引き起こし、また大脳辺縁系を介してうつ状態を引き起こします。両者とも痛みを助長することは、すでに述べました。ただ、睡眠時間は人によってかなり異なります。

毎日の生活のリズムを正すことが、睡眠によい影響を与えます。

9. すべてはほどほどに

これは5と矛盾するように思われますが、人の生理的活動にはおのずと限界があります。長期につめて仕事をしたり、つめて運動を行ったりすると、ホメオスターシス（恒常性）に破綻がきます。病気や痛みの原因になったり、その悪化の元凶になります。これを、私は「ほどほど学」と称して、周囲の方にすすめています。

10. 食事の量は控えめに

過食はメタボの原因になるばかりでなく、体重増加によって脊椎骨や膝関節、股関節、足関節に過重が加わり、骨や軟骨の変性による種々の痛みの病気を引き起こします。椎間板ヘルニアや変形性膝関節症などです。その結果、運動量が制限されて、悪循環の原因になります。

11. 痛みの治療は早めに

痛みは脳や脊髄はもとより、末梢神経でさえ記憶されることがわかってきました。早いうちに治療や予防をすることが、痛みの記憶にならないように、つまり慢性化や悪化を予防することにつながります。

12. 鎮痛薬は控えめに

多くの鎮痛薬は抗炎症鎮痛薬です。強い薬はやはり副作用もそれだけあります。特に、消化管への作用がある薬品が多くあります。

したがって鎮痛薬は副作用の少ない薬品を使用し、長期服用している場合は定期的に血液生化学検査をすすめます。薬品にもよりますが、血液生化学検査は約3カ月ごとに行ったほうがよいと思います。薬の副作用のチェックと全身の健康チェックにもなります。「薬より養生」です。

図4-13：痛みの治療と予防法15カ条（次ページに続く）

① 痛みの抑制機構を賦活

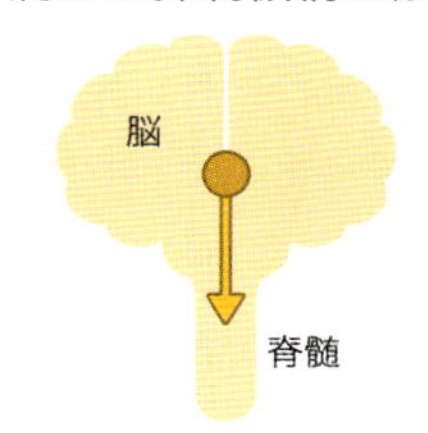

② 筋肉を鍛える

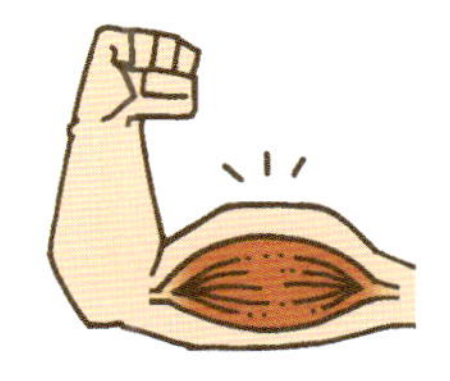

③ 体を温める

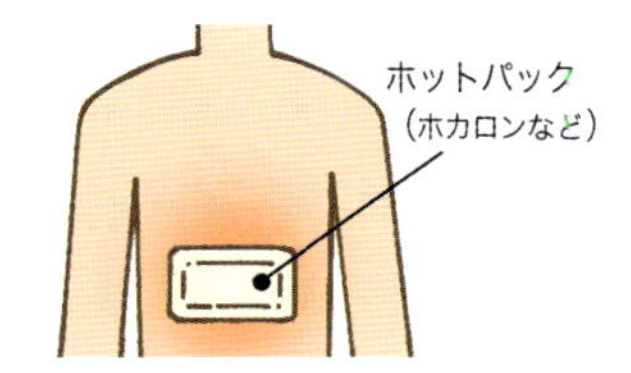

④ 筋肉の緊張をほぐす

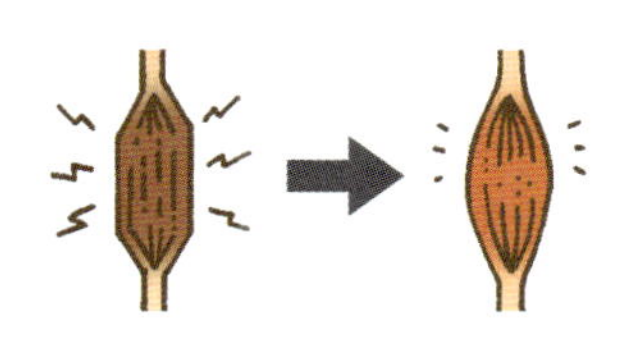

⑤ 仕事を焦らず

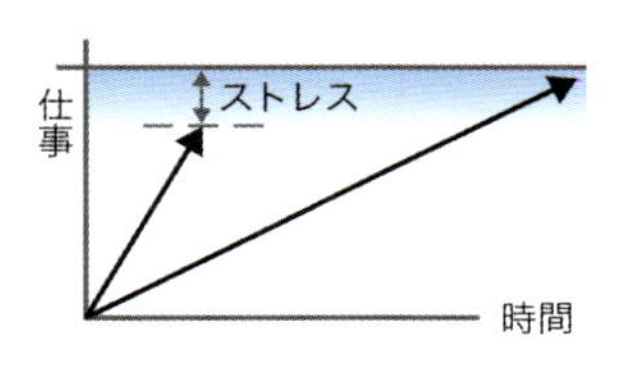

⑥ 楽しいことをする

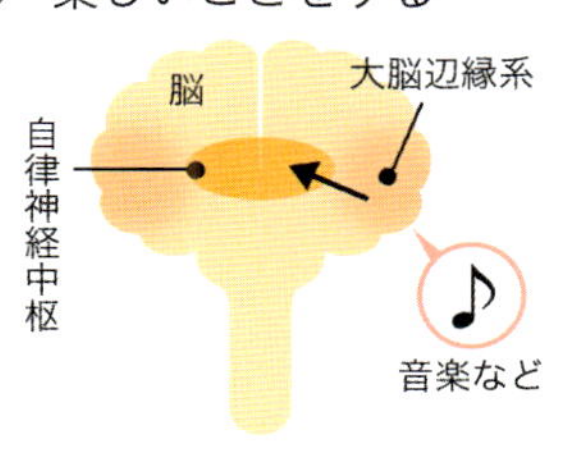

⑦ タバコはご法度

⑧ 睡眠をよくとる

図4-13：痛みの治療と予防法15カ条（前ページより続き）

⑨ すべてはほどほどに

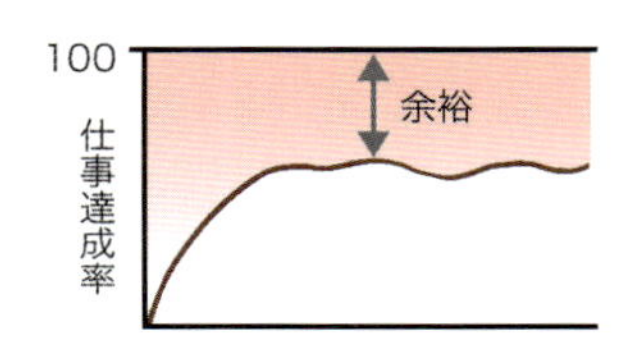

⑩ 食事の量は控えめに

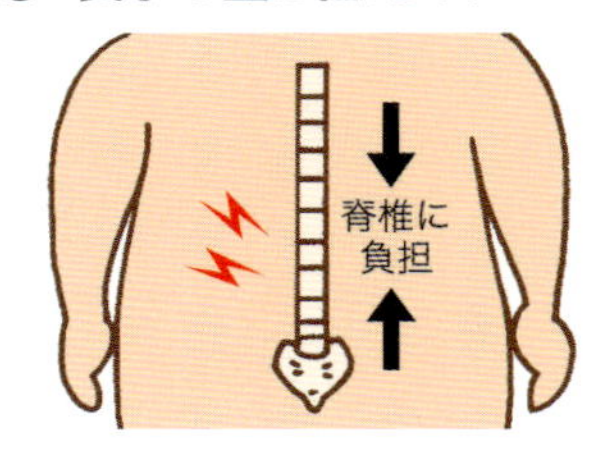

⑪ 痛み治療は早めに

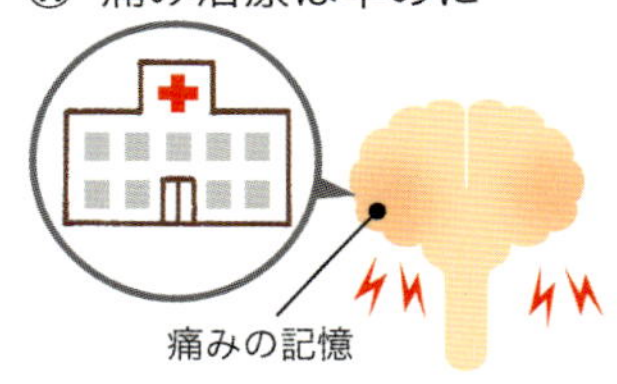

⑫ 鎮痛薬は控えめに

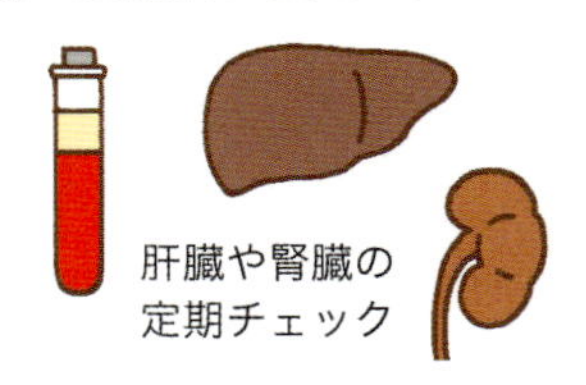

⑬ 痛みに慣れる

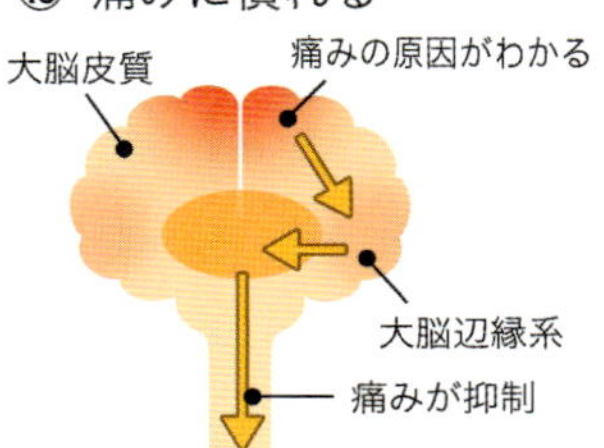

⑭ 腹式呼吸をする

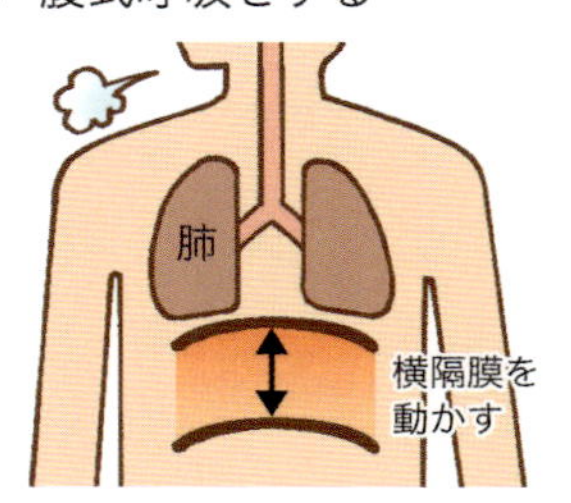

⑮ 生活のリズムを大切に

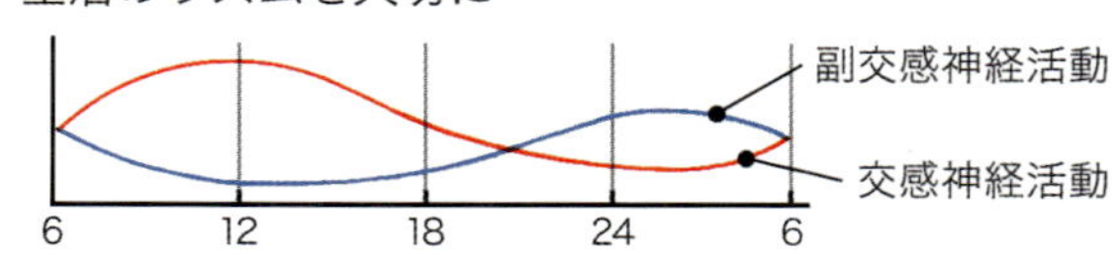

13. 痛みに慣れる

検査の結果、痛みの原因がわかったら、ある程度痛みに慣れることも必要です。慣れることによってストレスが減り、痛みは軽くなってきます。

14. 腹式呼吸をする

腹式の深い呼吸を行い、できるだけ呼気を延ばし、呼気の終わりに腹筋に力を入れます。この呼吸法によって副交感神経を賦活して交感神経の過活動を抑え、痛みを緩和することができます。

15. 生活のリズムを大切にする

できるだけ朝起きる時間を決めることによって、生体のリズムを整えることができます。自律神経の安定をはかり、ひいては身体のホメオスターシス（恒常性）を保つことができます。起床時間はそれぞれ仕事や生活に合わせて決めればよいと思います。

がんの痛みの治療法（緩和ケア）はあるのか

前にも述べたように、がんの特徴は最初痛くないということです。これががんの初期発見を遅らせる原因でもあります。しかし進行すると、がんの患者さんの50～80％が痛みを訴えるといわれます。がんの痛みの原因をP.228の図4-14に示します。図に示した痛みの原因にしたがって、治療を行います。身体や心の痛みの緩和が目的です。

世界保健機構（WHO）は、「緩和ケアとは、生命を脅かす疾患による問題に直面している患者とその家族に対して、病気の早期より、痛み、身体的問題、心理社会的問題、精神的な問題に関して適切な評価を行い、身体の障害を予防・対処することで、生活の質を改善していくためのアプローチである」と定義しています(1)。

つまり緩和ケアについては、患者の状況に応じて、身体症状の緩和や精神心理的な問題への援助など、終末期だけではなく、治療の初期段階から積極的に治療と並行して行われる必要があります。

緩和ケア（ホスピス）の歴史に少し触れますと、1967年に英国

図4-14：がんの痛みの原因

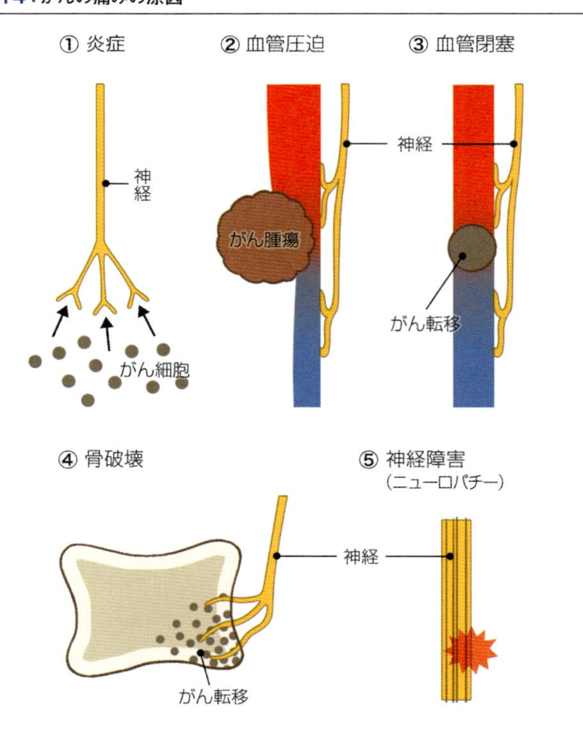

1 WHO Technical Report Series 804:Cancer Pain Relief and Palliative Care-Report of a WHO expert Committee,1990

のセシル・サウンダー女史によって誕生したセント・クリストファー・ホスピスが、緩和ケアを目的に建てられた最初の施設です。

日本では1981年、聖隷ホスピスが聖隷三方原病院内に設立され、1984年には淀川キリスト教ホスピスが設立されています。1990年、一定の施設・人員配置基準を満たす緩和ケア病棟に対し定額診療報酬が導入されました。続いて2002年には、一般病床でも一定条件下でなされる緩和ケアに対し診療報酬が加算されています。

NPO日本ホスピス緩和ケア協会の資料によると、2010年現在、全国に203施設（4065床）しかなく、34万人余のがん死亡者の約1.3割程度にすぎません。まだまだ不足しているのです。その理由は、これまで日本では、病気を治すことばかりに目が向けられ、終末期医療の大切さが十分に認識されなかったことです。3人に1

表4-15：厚生労働省健康局のがん性疼痛に関する計画

その1： 全国どこでも緩和ケアをがん診療の早期から適切に提供していくためには、がん診療にたずさわるすべての医師が緩和ケアの重要性を認識し、その知識や技術を習得する必要があることから、緩和ケアに関する大学の卒前教育の充実につとめるとともに、医師を対象とした普及啓発を行い、緩和ケアの研修を推進していくこと
その2： より質の高い緩和ケアを実施していくため、緩和ケアに関する専門的な知識や技術を有する医師、精神腫瘍医、緩和ケアチームを育成していくための研修を行うとともに、地域における緩和ケアの教育や普及啓発を行っていくことができる体制を整備していくこと
その3： 緩和ケアについては、治療の初期段階から充実させ、診断・治療・在宅医療など、さまざまな場面において切れ目なく実施される必要があることから、拠点病院を中心として、緩和ケアチームやホスピス、緩和ケア病棟、在宅療養支援診療所などにより地域連携を推進していくこと
その4： 在宅においても適切な緩和ケアを受けることができるよう、専門的な緩和ケアを提供できる外来を拠点病院に設置していくこと。 　また、がん対策推進基本計画における個別目標として、緩和ケアについてはすべてのがん診療にたずさわる医師が研修などにより、緩和ケアについての基本的な知識を習得すること、技能を習得している医師数を増加させること、緩和ケアに関する専門的な知識および技能を有する緩和ケアチームを設置している医療機関を整備すること、がん患者の意向をふまえ、住み慣れた家庭や地域での療養を選択できる患者数を増やすこと

人ががんで死亡するようになった今日、緩和医療をより充実させるよう、国としてもサポートしていく施策をとる必要があります。表4-15に示すような基本的計画がなされています。

がんの痛みをもっている患者さんのケアは、慢性疼痛をもつ患者さんと基本的には変わりませんが、痛みを増強する因子に対し、きめの細かい対処が必要です。

末期がんの痛みに対する取り組み

終末期の痛みをもった患者さんの管理の基本的な考えをまとめると、以下のようになります。

①患者のみならず家族の身体的・精神的ケアが重要
②苦痛はできるだけ早めに対処する(痛みは記憶されるから)。がんそのものの治療と同時に苦痛に対する治療やケアを開始する
③「オピオイド」をできるだけ早くから十分に使用する
④「オピオイド」投与のルートは単純な方法(経口投与)からはじめる(患者さんに余分な負荷を与えない)
⑤病的痛みがあるかぎり、麻薬依存・耐性は生じない
⑥麻薬投与量には原則的に制限はない
⑦麻薬による合併症を、絶えずモニターし対処する(合併症は十分対処できる)
⑧終末期患者ケアとは、すなわち患者さんのみならず、その家族のケアでもある
⑨終末期患者ケアに最小公倍数はあるが最大公約数はない。すなわちケースバイケース。患者さんの嗜好や人生観、宗教、経済、職業などを配慮することが必要

⑩がんの痛みの治療には、がん治療専門医やペインクリニシャン、薬剤師、看護師、エンジニアなど、パラメディカルスタッフ、時には宗教家などを加えたチーム医療が必須(1)

手術後の痛みにどのように対処するか？

手術に対しては、誰しも不安を抱くでしょう。その不安のなかでもっとも大きいのは、手術中の痛みと手術後の痛みであることが報告されています。

手術中の痛みは20世紀半ばから、だいたい解決されました。それは、麻酔薬の発達と手術中の全身管理学、すなわち麻酔科学の発達です。たとえば肺の手術を行う場合も、人工呼吸器の発達により、患者は片方の肺だけでも呼吸ができるようになりました。また、すべての肺や心臓を取り替える場合でも、人工心肺装置で心臓と肺の代わりをすることができるようになっています。臓器の移植が行われるようになった背景には、これら術中・術後の全身管理技術の進歩があります。それと同時に、手術前後や麻酔前後の呼吸や循環、代謝に対する管理学＝周術期管理学の発達も忘れてはならないでしょう。

これからの問題は、手術後の痛みと心のケアです。手術後の痛みの問題も、多くの場合は解決されています。麻薬をじょうずに使うことと持続的に行う神経ブロック法が、多くの施設で行われています。また患者さんが痛いときに、鎮痛薬や麻酔薬をいつでも自分で入れることができる装置もあります。

1　Agarwala S S, Hahn KL, Nicholson B:Revisiting Pain Management in Cancer Patients: Breakthrough Pain and Its Treatment. MedScap. released: 07/01/2009.

大きな手術後は集中治療室で痛みや呼吸、循環など全身の集中的な管理が行われますので、心配はいりません。また手術後の疲労感やだるさに対しても、十分に対処できるようになりました。

ただ最近問題になっているのは、集中治療室における患者さんの心のケアです。全身麻酔から覚めず意識がない場合は患者さんには不安がありませんが、意識があると集中治療室の音や光、自分の体位、身体の自由度などが意識の中にのぼり、不安や緊張が起こってきます。

回復室や集中治療室における心のケアも次第に発展してきました。夜はできるだけ光を落としたり、スタッフは処置をできるだけ静かに行ったりするほか、人工呼吸器などの機器の音も静かなものに進化しています。また施設によっては、個人の好みに合わせて音楽が聴けるようにもなっています。術後の体位や身体の固定の程度も、患者さんの癖や好みにできる限り合わせられるようになってきています。できるだけ早くから身体を動かしたほうが、術後の回復が早いことがわかってきたからです。手術後の痛みや心のケアの問題は、担当の主治医と麻酔科専門医と十分に相談してください。

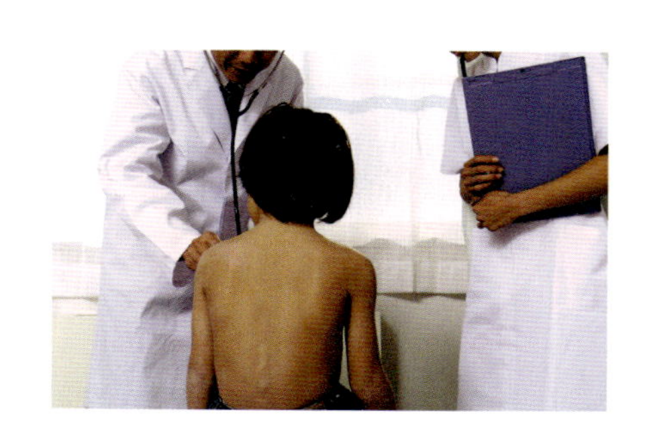

おわりに

痛みの治療や緩和には、患者の身体や心の痛みを、医師を含めた周囲の人々がどれだけ共有できるかにかかっています。しかし、これはなかなか困難なことです。他人の痛みは経験しなければわかりません。また経験したとしても、その痛みは同じではないのです。個人個人によって痛みの性質や程度は異なりますし、その痛みに対する表現の仕方も異なります。痛みがその人の日常生活におよぼす影響は千差万別なのです。

したがって、治療にあたっても、科学的知識とすぐれた技術だけでは十分ではありません。痛みをもつ人の気持ちを思いやり、その人と協同作戦を展開する必要があります。そのためには、患者さんと医師、そしてメディカルスタッフとの信頼関係の樹立が必須です。米国において最近、医療用麻薬の使用が増加している（1）背景にも、そういった理由があると筆者は思っています。

もちろん、患者さん自身の治療に対する積極的な参加も欠かせません。そこに心身の痛みの治療や予防の原点があります。

1つの命の苦痛をやわらげ、1つの痛みを癒すことができるなら、あるいは、気を失いそうな1羽の駒鳥を巣に戻してあげられるなら、私の人生はむだではないだろう
―エミリー・ディキンソン（米国の詩人、1830～1886年）

2018年8月　下地恒毅

1) Bruera E : Perspective Parenteral Opioid Shortage Treating Pain during the Opioid-Overdose Epidemic. N Engl J Med 2018; 379:601-603

索　引

さ

た

な

は

ま

や

ら

サイエンス・アイ新書 発刊のことば

「科学の世紀」の羅針盤

20世紀に生まれた広域ネットワークとコンピュータサイエンスによって、科学技術は目を見張るほど発展し、高度情報化社会が訪れました。いまや科学は私たちの暮らしに身近なものとなり、それなくしては成り立たないほど強い影響力を持っているといえるでしょう。

『サイエンス・アイ新書』は、この「科学の世紀」と呼ぶにふさわしい21世紀の羅針盤を目指して創刊しました。情報通信と科学分野における革新的な発明や発見を誰にでも理解できるように、基本の原理や仕組みのところから図解を交えてわかりやすく解説します。科学技術に関心のある高校生や大学生、社会人にとって、サイエンス・アイ新書は科学的な視点で物事をとらえる機会になるだけでなく、論理的な思考法を学ぶ機会にもなることでしょう。もちろん、宇宙の歴史から生物の遺伝子の働きまで、複雑な自然科学の謎も単純な法則で明快に理解できるようになります。

一般教養を高めることはもちろん、科学の世界へ飛び立つためのガイドとしてサイエンス・アイ新書シリーズを役立てていただければ、それに勝る喜びはありません。21世紀を賢く生きるための科学の力をサイエンス・アイ新書で培っていただけると信じています。

2006年10月

※サイエンス・アイ（Science i）は、21世紀の科学を支える情報（Information）、知識（Intelligence）、革新（Innovation）を表現する「i」からネーミングされています。

SB Creative

サイエンス・アイ新書

SIS-417

http://sciencei.sbcr.jp/

痛みをやわらげる科学
新装版

痛みの原因と予防法、そして最新治療を探る

2011年 9 月25日　初版第1刷発行
2012年10月29日　初版第2刷発行
2018年 9 月25日　新装版第1刷発行

著　　者　下地恒毅
発 行 者　小川 淳
発 行 所　SBクリエイティブ株式会社
〒106-0032　東京都港区六本木2-4-5
電話：03-5549-1201（営業部）
装　　丁　株式会社ブックウォール
組　　版　クニメディア株式会社
印刷・製本　株式会社シナノ パブリッシング プレス

ISBN 978-4-7973-9883-0

SB Creative